コーヒーの教養

世界の
ビジネスエリートが
身につけている

株式会社坂ノ途中
海ノ向こうコーヒー事業部
山本博文

あさ出版

はじめに

コーヒーにも旬がある？

野菜と同じように、コーヒーにも旬があると知っていましたか？

野菜の旬と言うと、春はタケノコ、夏はトマト、秋は椎茸、冬は白菜のように、味の良い〝食べごろ〟の時期を指します。

コーヒーの場合も冬はブラジル、春はエチオピアやインドネシア、夏はコスタリカなど、それぞれの産地の豆ごとに〝飲みごろ〟の時期があります。

それは、コーヒーが年に一回、実をつける植物だからです。

そのコーヒーチェリーと呼ばれる実を収穫する時期は、北半球（中米、アジア・アフリカの一部）では10月～3月、南半球（南米・アフリカの一部）では4月～9月が収穫期となっています。

収穫されたコーヒーチェリーは生産国で生豆の状態まで加工された後、船に積まれて2～4ヵ月間かけて日本までやってきます。

その年に初めて収穫されて日本に届いたばかりのコーヒー生豆のことを「ニュークロップ」と呼びます。フレッシュな香味が広がり、「ジューシー（Juicy）」で「フルーツのような（Fruity）」味わいで、まさに「旬」を感じさせてくれるのが、ニュークロップです。

巻頭のカレンダーには、旬のコーヒーが日本に届く時期を示しています。日本に入ってくる時期は、おおよそ5月～8月の期間と11月～1月の期間です。この時期にコーヒー屋さんに行ってニュークロップのコーヒーを注文すれば、いつものコーヒーとは違った味わいを楽しむことができます。

一方、コーヒーが日本に入港してから一年以上経った生豆は「パストクロップ」や「オールドクロップ」と呼ばれ、香味が少し落ち着いており、「木のような（Woody）香り」や「乾いたような（Dry）味」と表現されることもあります。

しかし、そんなオールドクロップの中にも素晴らしく芳醇な香りを放つものがあります。例えばインドネシアのマンデリンは、まさに数ヵ月寝かせたほうが香味の広がりがさらに良くなり、味わい深くなります。

一杯のコーヒーの裏側で、たくさんの人が働いている

コーヒーは農作物なので、季節ごとだけではなく年によっても味に変化があるはずです。それなのに、コーヒーがいつも同じようにおいしく感じるのはなぜでしょうか。

それは、コーヒー産業に携わるプレイヤーたちが良質なコーヒーを安定的に届けるために日々努力しているからです。

農園や加工場でおいしい生豆に仕上げる生産者、輸送を迅速に行い一定の温度帯で保管することで生豆の品質劣化を防ぐ流通業者。

また焙煎業者やバリスタは、ブレンドするコーヒー豆の配合や焙煎度合い、抽出方法を調整することで消費者の手元に届くコーヒーの味わいを安定させています。

このように、世界中のコーヒー生産地で作られたコーヒーは多くのプレイヤーの仕事を経由して、皆さんが飲む一杯になります。この一連の流れをサプライチェーンと言います。

このサプライチェーンは見えない糸でつながっていて、どこかひとつでも支障が出ると、前後に連なるプレイヤーたちが影響を受けます。

例えば、生産地の山奥にある小さな農園の農家さんのコーヒーは、戦争で国交が途絶え

たり感染症対策で交通網が遮断されたりすると、消費国への輸送ができなくなってしまいます。

コーヒーから世界が見える

世の中を賑わせる様々なニュースが、実はコーヒー産地の山奥で暮らすコーヒー農家さんの生活に影響を与えているかもしれません。また、それが巡り巡って皆さんが普段飲んでいるコーヒーの値段や味わいの良し悪しに関わってくる可能性もあります。

新聞などでコーヒーの市場相場が高騰しているというニュースを見る時、私たちは「お店のコーヒーの値段が上がるのかな」くらいにしか思いませんが、コーヒー産地では大きな影響がもたらされています。

例えば、産地の農家は「高く売れるうちに早くコーヒーを売ってしまおう」と自分たちのコーヒーを集荷業者や加工業者に持ち込みます。

おいしいコーヒーを作るためには完熟の状態で収穫しなければなりませんが、コーヒーチェリーは時間をかけて徐々にその熟度が上がっていきます。

まだ熟していないコーヒーチェリーを急いで収穫して一緒にまとめて出荷してしまう

と、出来上がるコーヒー豆の品質も悪くなってしまうのです。

こうして見ると、皆さんが何気なく飲んでいる一杯のコーヒーが世界とつながっているという感覚が湧いてくるのではないでしょうか？

そうして世の中のニュースに目を向けると、私たちの日常と遠く離れた生産国の事情をより身近に感じることができます。つまり、コーヒーは世界を見る視点を変えてくれるのです。

新時代のビジネスパーソンの武器になる

世界で活躍するビジネスパーソンは、一杯のコーヒーから様々な情報を読み取っています。コーヒーの味を作り出す背景には、産地でのコーヒー産業のあり方だけでなく、生産国を取り巻く国々の事情が複雑に関係しているのです。

コーヒーというレンズを通して世界を見ることは、その背景にある事柄を理解する手助けとなります。そしてそれは、海外とのビジネスの機会が多くなっていく、これからの時代に活躍するビジネスパーソンの武器となるでしょう。

本書では、世界の政治や経済の動向がいつも飲んでいるコーヒーの味にどのような影響を与えるのかという切り口で、コーヒーの奥深い世界を紐解いていきます。
また、コーヒーが皆さんのお手元に届くまでの過程でコーヒービジネスに関わっている人たちの仕事を解説するとともに、日常でコーヒーを楽しむための知識や飲み方、淹れ方、選び方のコツなども紹介しています。この本を読み終えた後、あなたのいつもの一杯のコーヒーが、さらにおいしくなっていれば幸いです。

2025年3月

山本博文

目 次

第２章

意外と知らない、コーヒーの基礎知識

第３章

産地ごとの味わいに学ぶ、コーヒーと政治経済の関係

第2部　一杯のコーヒーを深く知る

第4章

コーヒーの味の違いを楽しむプロの飲み方

第5章

サプライチェーンから見る、コーヒーの味の作り方

第3部 日常のコーヒーをもっと楽しむ

第6章

いつものコーヒーが違って見える、知識と楽しみ方

～淹れ方、選び方、歴史～

第7章 コーヒーの未来を作る仕事

COFFEE

コーヒーで世界を広げる

あなたにとって、コーヒーとは何でしょうか？

仕事に集中するためのカフェイン補給？　それとも、ほっと一息つくためのルーティン？

でも、ちょっと視点を変えてみると、コーヒーは世界とつながる鍵にもなります。コーヒー価格の変動、飲み方のトレンド、遠い国のニュース——その背景には、意外なつながりがあるのです。

いつものコーヒーを通して、世界の動きを読み解いてみませんか？

第1章

世界で活躍するビジネスパーソンに
コーヒーが選ばれる理由

コーヒーがビジネスパーソンに力を与えた

近代ヨーロッパ人の働き方を変えたカフェイン

コーヒーは17世紀半ばから18世紀にかけてヨーロッパで普及し、ビジネスパーソンの間でも嗜まれるようになりました。それ以前の嗜好品といえば酒とタバコでしたが、その中でもコーヒーが仕事と相性が良かったのは、カフェインの覚醒作用によって人々が「働き者」になったからです。

ヨーロッパで産業革命が起こり、生産体制が大きく変わろうとしていた頃、多くの職人たちは時間を正確に守って集団で働く習慣を持っていませんでした。しかし、機械や蒸気機関を用いた工場での労働には、規則正しい働き方を身につけた労働者が不可欠でした。この問題に対処するために19世紀のイギリスで導入されたのが、労働者のための朝食「イングリッシュ・ブレックファスト」です。これはカフェインと高カロリーの砂糖を同時に

産業革命後の働き方

摂取できる「砂糖入り紅茶」とパンをベースとしたもので、一日中過酷な環境におかれる工場労働者にとって不可欠なエネルギー源となりました。

イギリスはアジアの植民地で茶葉を栽培していたために紅茶が普及しましたが、フランスでは中米の植民地でのコーヒー栽培に成功して安価で輸入できたため、庶民の間にもコーヒーが広がっていきました。

カフェインはお茶やチョコレートにも含まれますが、「働く人のお供といえばコーヒー」というイメージが強いのはなぜでしょう。その理由は、近代ヨーロッパ社会において新たな価値観やビジネスの生まれる場となった、コーヒーハウスを見るとよく分かります。

コーヒーハウスは新しいビジネスや価値観が生まれる場所だった

世界交易の中心地、オスマン帝国で生まれたコーヒーハウス

コーヒーハウスは喫茶店の原型で、もともとは16世紀半ばにオスマン帝国（西アジア、東欧、北アフリカにまたがっていた大帝国）で誕生し、飲酒が法律で禁止されているイスラーム市民の社交の場として人気を集めました。

この頃のオスマン帝国は全盛期を迎えており、首都のイスタンブールは世界交易の中心地でした。一方、ヨーロッパはルネサンスを経て宗教改革がようやく始まったばかりの頃で、政治的にも経済的にも遅れをとっていました。

オスマン帝国で流行したコーヒーが、「イスラームのワイン」としてヨーロッパに紹介されたのは16世紀の終わり頃。オスマン帝国に隣接するイタリアや当時の海上覇権を握っていたオランダを経由し、イギリスやフランス、ドイツへと広がりました。

ヨーロッパの教養人が集まる場所

ヨーロッパ各地にコーヒーハウスやカフェが開店し、人々はコーヒーの覚醒作用に夢中になります。

コーヒーハウスでは、身分の上下ではなく入店した順で席が決まることになっていたので、様々な階級の人々が集まりシラフで語り合う社交の場となりました。

社会学者ユルゲン・ハーバーマスによれば、17世紀のイギリスのコーヒーハウスには市民の新しい情報源である新聞が置かれ、その情報をもとに行われた数々の政治的な議論の中から「世論」というものが形成されていったそうです。

また、近代科学の父と呼ばれるアイザック・ニュートンや「(神の）見えざる手」で有名な経済学の父アダム・スミスら当時の教養人たちもロンドンのコーヒーハウスに熱心に通い、集まった人々の話から刺激を受けていたようです。

コーヒーハウスは、旧来の社会を大きく変えることとなる思想や価値観が醸成される場であったと言えるでしょう。

新しいビジネスが生まれる場所

ロンドンの実業家たちもコーヒーハウスに集まって新しいビジネスを企て、事業を拡大させていきました。

有名なところでは、世界最大級の保険市場である英ロイズ保険組合の設立があります。1688年にエドワード・ロイドがロイズ・コーヒーハウスを開店し、客として集まっていた海運業者や保険業者のために「ロイズ・ニュース」という船舶情報紙を発行しました。そしてこれをきっかけとして海上保険を扱う場所となったのです。

17世紀後半、イギリスが英蘭戦争で勝利してオランダから海上覇権を奪ったことで、世界交易の中心地はロンドンへと移っていました。海上保険に関するニュースは商人たちの間で重要視され、それを素早く正確に伝えるために郵便制度の原型が作られました。

このように、当時のコーヒーハウスは情報センター的な役割を持っており、そこから新聞や保険、郵便などの新しいビジネスが始まったのです。

芸術家たちにもインスピレーションを与えてきた

コーヒーハウス

コーヒーハウスやその伝統を引き継ぐヨーロッパのカフェには、数多くの芸術家や音楽家も集まりました。

芸術家の岡本太郎は、フランス留学中の１９３０年頃に足しげく通っていたカフェの様子を次のように書いています。

> ぼくはパリ時代は昼も夜も、ほとんど毎日、キャフェ（カフェ：引用者注）へ出かけていった。
> 一杯のコーヒーで何時間ねばっていてもいい。そういう店でコーヒーを飲んでいると、必ず、誰か友達がやってくる。
> すると、お互いに「やあ」「やあ」と挨拶して話し合ったり、議論した

りした。

火花が散るような、生きがいのようなものをずいぶん感じた。当時のぼくは二十歳そこそこで、若かったが、そのキャフェで世界の歴史に残るような思想家や芸術家と毎日のように出会い、対等に話し合った。それがぼくの青春時代の大きな糧になったことは確かだ。

マックス・エルンストやジャコメッティ、マン・レイ、アンリ・ミショーなどシュール系の画家や詩人、ソルボンヌの俊鋭な哲学徒だったアトラン（中略）などと一週間おきに集まって、芸術論をたたかわせたのも、「クローズリー・デ・リラ」というキャフェだった。

岡本太郎『自分の中に毒を持て』より

日本でも、大坊珈琲店（1975～2013年）という自家焙煎のお店には、作家の向田邦子や村上春樹が足繁く通っていました。コーヒーハウスの伝統を受け継ぐカフェや喫茶店にはそういった文化的な交流を生み出す機能があるのです。

「第三」の視点を育てる場所 サードプレイス

アメリカの社会学者レイ・オルデンバーグは著書『The Great Good Place』の中で、カフェの社会的機能は、第三の場所、「サードプレイス」であると説明しています。サードプレイスとは、会社でも家庭でもない、もうひとつの場所という意味です。カフェには会社や家庭での役割から解放されて、周りの見知らぬ人たちと同じ場所と時間を共有するという性質があり、人々はそこに心地良さを感じるのです。

つまり、常に何らかの組織や集団に属さなくてはならない現代において、カフェという存在は、日常の帰属意識から解放される特別な場所だということです。

スターバックスはまさにこの考え方を取り入れたブランディングを行っています。当社を世界最大のコーヒーチェーンに成長させた立役者、ハワード・シュルツの自伝にも「サードプレイス」のコンセプトを重視していると書かれています。両者の「サードプレイス」に対する考え方は完全に一致しているわけではないですが、家でも会社でもない、「グレートで」「ベストな」場所が「サードプレイス」であることは変わりないようです。

このようにコーヒーと社会とのつながりに目を向けると、今までと違った視点を持てるようになります。ここからは、コーヒーを通して世界のニュースを見ていきましょう。

コンビニのコーヒー値上がりから世界の政治経済を読み解く

コーヒーが「100円」で飲めなくなった理由

ＵＣＣやネスレといった大手のコーヒー会社が２０２１年７月以降、スーパーなどの小売店で販売するコーヒー豆の値上げを発表しはじめました。それに呼応するようにコンビニ各社の「１００円コーヒー」は１２０円になり、街中のカフェもそれに続きました。私が働く株式会社坂ノ途中「海ノ向こうコーヒー」で取引しているコーヒー店でも、当時は「値上げはしたくないけど、やっぱりしないといけないよな……」という店主さんの声をよく聞きました。

この現象は、日本だけでなく欧米を含む世界のコーヒー消費国で同時に起こっていました。

では、なぜ値上げをしなければならない事態となったのか？

コンビニコーヒー(最小サイズ)の価格推移

企業(商品)	2021年8月	2023年8月	2025年3月
セブン-イレブン (セブンカフェ ホットコーヒー Rサイズ)	100円(税込)	110円(税込)	120円(税込)
ローソン (マチカフェ ホットコーヒー Sサイズ)	100円(税込)	110円(税込)	120円(税込)
ファミリーマート (ファミマカフェ ホットコーヒー Sサイズ)	100円(税込)	120円(税込)	130円(税込)

この疑問に答えるために、「コーヒー価格と先物市場の関係」および「コーヒービジネスに関わる世界の国々の情勢」という観点から説明していきます。

コーヒー生豆の価格を決めるのは、先物相場と「ディファレンシャル」、そして為替（日本では円・ドル）相場です。

コーヒーの値上げの背景を見ていくと、一杯のコーヒーが世界の政治経済と密接につながっていることがよく分かります。

なぜブラジルで霜が降ると生豆の価格が２倍になるのか？

２０２１年４月、ブラジルで霜害が懸念されるというニュースが流れました。過去に起きた霜害ではブラジルの生産量が激減して、世界の市場が大混乱に陥ったこともあることから、コーヒー産業の人たちは警戒感をもって見守りました。

実際に7月には霜害の被害が出てしまい、コーヒー産地が大きな打撃を受けることが確定すると、コーヒー生豆の価格はどんどん上がっていき、11月の平均価格は同年4月に比べて2倍の高値となってしまいました。

世界最大のコーヒー産地であるブラジルの生産量が減ることは将来の供給が大幅に減ってしまうことを意味します。それを見越して、早めに原料を調達しないといけないのではないかという雰囲気がコーヒー相場の急上昇というかたちで表れたのです。

コーヒー相場とディファレンシャルの関係

コーヒー生豆は世界の先物市場で取引される金融商品です。

コーヒー相場とは、先物市場で取引されるコーヒーの価格のことで、ニューヨークとロンドンの先物取引所で決められています。

ただし先物相場はあくまで世界のコーヒー取引価格の目安として参照され、実際の取引価格は各産地のコーヒー取扱業者の間で決められています。

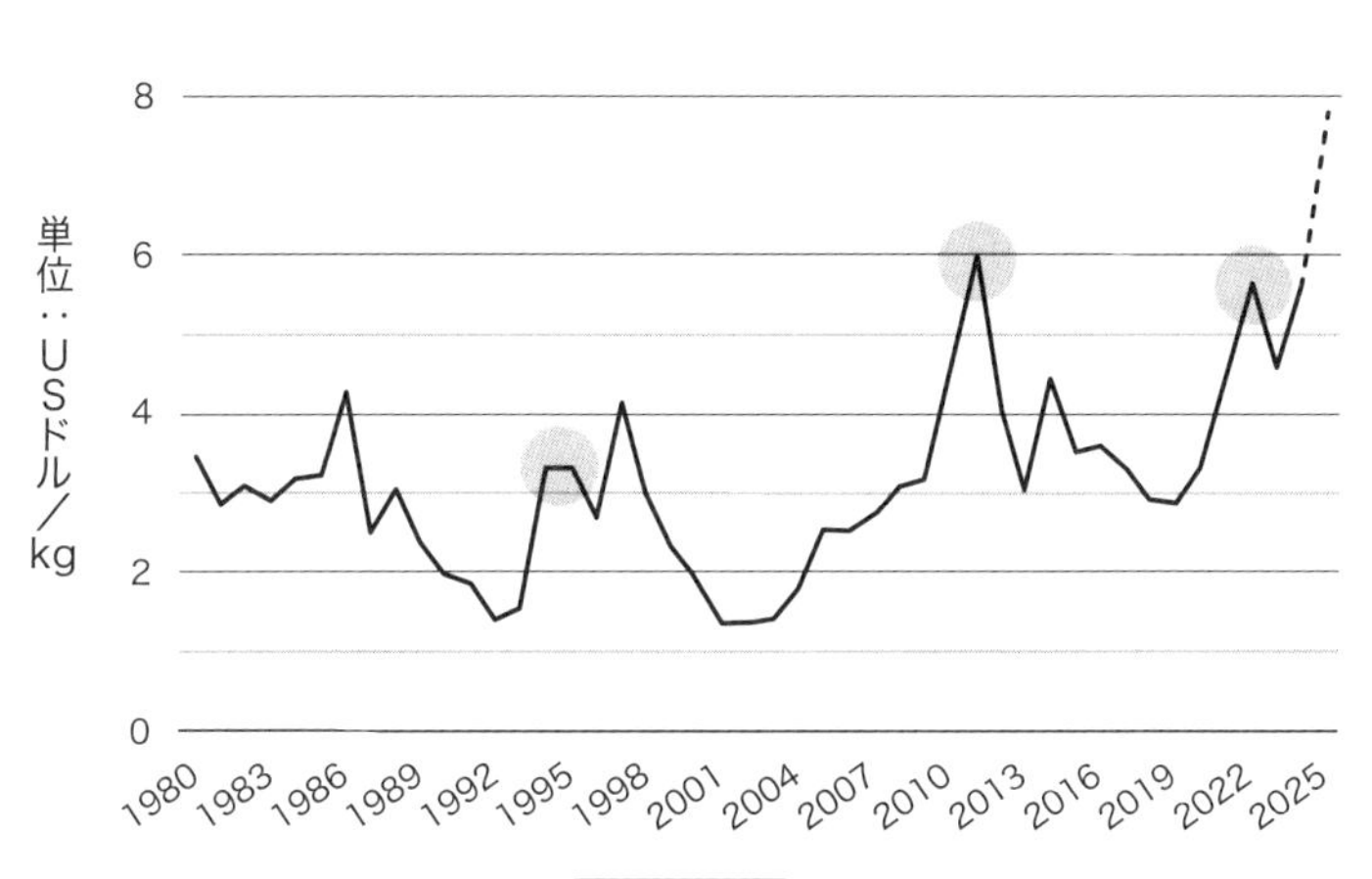

例えば、先物相場の価格が１kg当たり３ドルの場合、これを指標として、A社は相場からプラス20セント、B社は相場からマイナス10セントといった感じでそれぞれの業者が取引価格を提示します。これを「ディファレンシャル」と言います。

２０２４年11月24日のコーヒー相場の価格は約６・６５ドル／kgとなっていますが、その一年前（２０２３年11月24日）の相場が約４・１３ドル／kgであったのを考えると、日本のコーヒー取扱業者にとっては、「高いな、買いたくないな」という価格帯です。

このように相場は常に変動していますし、ディファレンシャルもその時々の需要と供給のバランスに応じて変わります。

コーヒー相場やディファレンシャルに影響を与える大きな要因は2つです。

ひとつ目は、各産地の生産量と在庫量です。

例えば、ある産地のコーヒーが豊作で在庫量も潤沢な場合、コーヒーは市場に流れやすくなります。すると、ディファレンシャルは低く抑えられるため、相場の価格帯での仕入れがしやすくなります。逆に不作で在庫量が少ない場合は、コーヒーの調達が難しくなるため、ディファレンシャルが高くなります。

世界全体の需給を示すコーヒー相場が安値をつけていたとしても、その国の生産量や在庫量が少ない場合は、ディファレンシャルが高くなり、「相場安・ディファレンシャル高」という状態になります。逆に、相場が高くても、生産量がたくさんある場合は、「相場高・ディファレンシャル安」となります。


ふたつ目は、消費国の需要量です。

例えば、ある消費国において需要がなければ、世界的には需要の高い産地のコーヒーであっても、ディファレンシャルは上がりにくくなります。

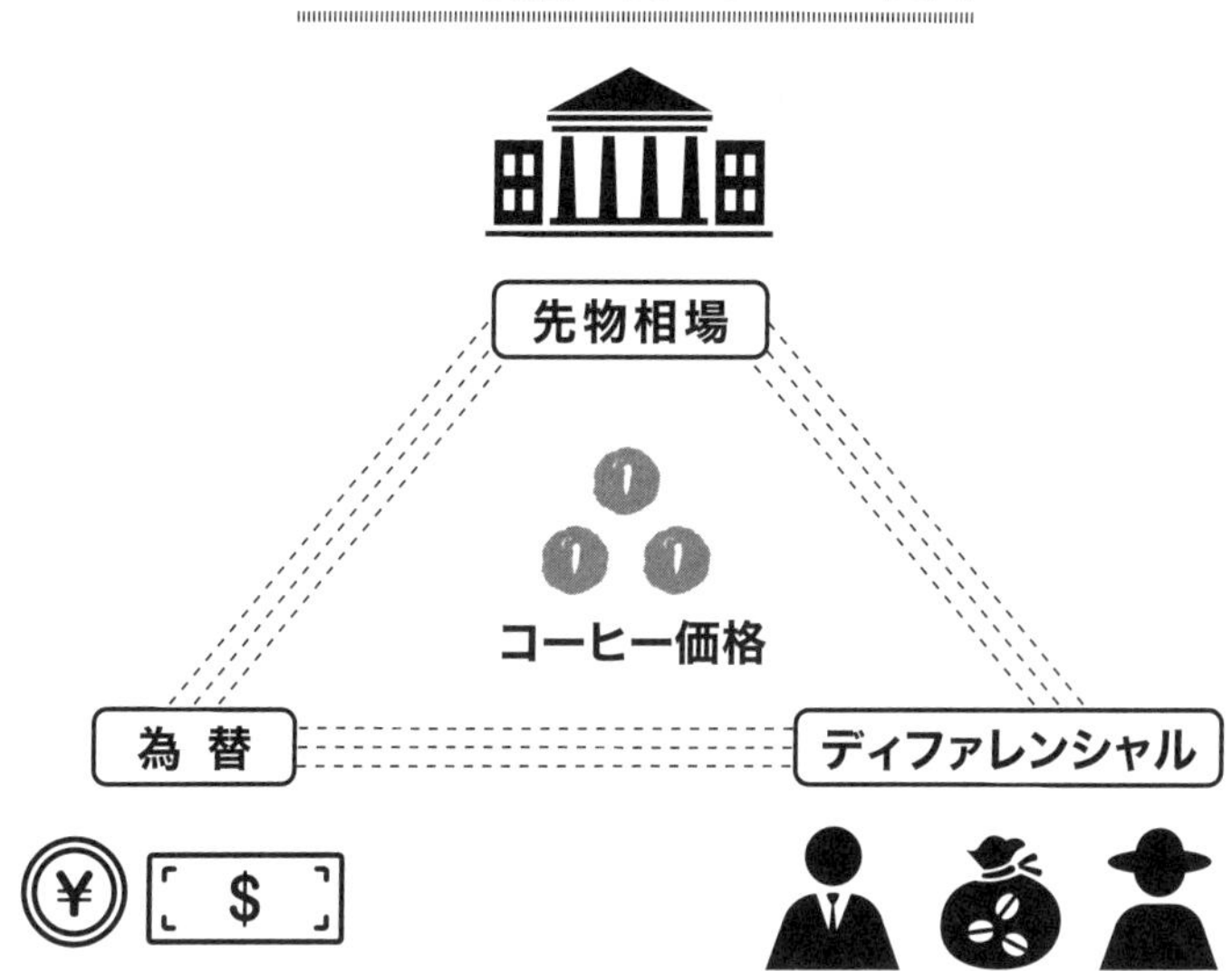

まとめると、コーヒーの全世界的な価格の指標が「コーヒー相場」、そして、生産国ごとに実際の需要と供給を細かく見た時の価格の指標が「ディファレンシャル」というものになります。

このようにコーヒー産業とは、地球の反対側にあるブラジルのコーヒー生産状況が、回り回って日本のコーヒー価格に影響を及ぼすというグローバルなビジネスなのです。

戦争が起きるとなぜコーヒーが値上がりするのか

ウクライナ戦争で先物商品全体が高騰

ブラジルの霜害でコーヒー相場が高騰した一年後、2022年2月にウクライナ戦争が始まりましたが、このことも相場の上昇を後押ししました。

どうしてコーヒー生産国でもないウクライナやロシアの情勢が、コーヒーの相場に影響を与えるのでしょうか。

実はこの時期はコーヒーだけでなく、他の先物商品の価格も軒並み上がりました。特に小麦は14年ぶりの高値となり、小麦製品が高くなるという予測が飛び交っていましたが、これは農業国であるウクライナとロシアの主要輸出品目のひとつに小麦製品があり、それに依存している国がたくさんあったためでした。

そんな中、先物市場で取引される他の農作物も値上がりすると予想した投機筋が、コーヒーを含めた他の穀物類に投資（買い注文）をしたことにより、コーヒー相場の上昇にもつながったのです。

投機筋とは、短期で金融商品を売買する人たちのことを指します。為替や株、先物商品等の価格が上下することで生じる値差から利益を得ています。こういった金融商品は連動することが多く、何かが上がると連動して他の金融商品も上がるということがあります。

化学肥料はコーヒー生産国では作れないことが多い

このほか、化学肥料の調達が困難になるという予測が出されたことも、コーヒー相場の上昇に拍車をかけました。

ロシアは化学肥料やその原材料となる化学物質の世界最大の輸出国ですが、戦争・紛争下では「物・人・情報」の流通がストップしてしまう恐れがあります。そのひとつが化学肥料です。

コーヒーの生産において、化学肥料は欠かせないものとなっています。特に生産量の多いブラジルでは大規模な土地を持つ農園でコーヒーを栽培することが多いため、化学肥料がないと生産量と品質を維持するのが困難になります。

そのため、ブラジルをはじめとして化学肥料のほとんどを輸入に頼っている生産国の生産量が下がってしまうのではという懸念や、化学肥料の仕入れ価格が上がってしまうのではないかという予測が生じました。

そして、将来のコーヒー相場が上がる前に買い注文を入れようとした実需筋（コーヒー産業の関係者）と投機筋双方の動きによって、先物相場が高騰しました。


しかし実際には、ブラジルは順調に化学肥料を輸入することができ、それほど大きく影響は受けませんでした。ただ化学肥料の仕入れのコストアップは免れることができず、結果的に生産コストは予想通り上がることになってしまいました。

このように、生産高に影響を与える事態が実際に起きても起きなくても、こうした「懸念」や「予測」がコーヒー相場の動向を大きく左右するということも覚えておきましょう。

為替の値動きをコーヒーで考える

円安・円高、コーヒーを安く飲めるのはどっち？

前述のウクライナ情勢は、為替にも大きく影響を与えました。

２０２２年1月の円・ドル為替は１１０円台で推移していたのに対し、3月には１２０円台、半年後の10月には１５０円と円の価値がみるみる下がっていきました。

円安の状態になると、海外から輸入している商品の仕入れ値は高くなります。日本で流通しているコーヒーのほとんどは海外からの輸入に頼っているため、為替相場はコーヒー価格に大きく影響します。

例えば、１kg当たり10ドルのコーヒーの場合、２０２２年1月（１１０円／ドル）の時点では、１１００円で買えたものが、同年の10月（１５０円／ドル）には１５００円に上

為替とコーヒー価格の関係

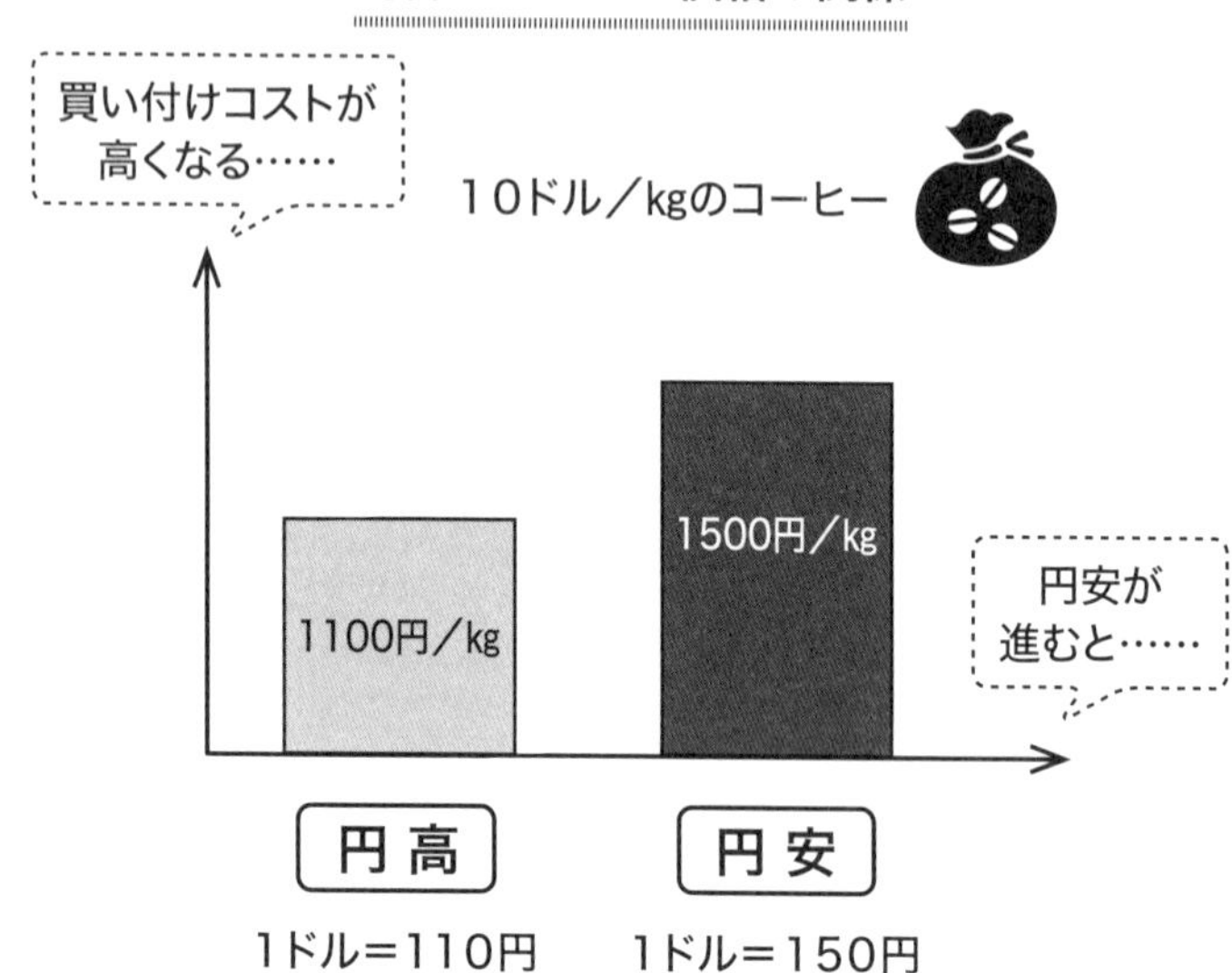

がってしまいました。

　円安の為替に加えて、コーヒー相場も上昇傾向だったため、1kgあたり10ドルで買えていたコーヒーが、半年後には12ドルになっていました。

　これにより日本での原料の仕入れは、産地によっては前年の2倍以上まで高くなる事態となりました。

　こうして、日本のコーヒー関連会社も、やむなしと、値上げを発表することになったのです。

MINI COLUMN

なぜコーヒー相場は上がり続けているのか？

現在（２０２５年２月末）のコーヒー相場は、２０２１年にブラジルが霜害で不作だった時よりもさらに高く、８ドル／kgを超え、コーヒー相場の史上最高値を更新しました。２０２４年度は霜害などで生産量が大きく減ったという事実はなかったのにもかかわらず、なぜ相場がここまで上がっているのでしょうか。

その要因のひとつは、世界全体のコーヒー消費量が増えたことです。特に注目すべきは、アジアの国々での需要増加です。

これまで、世界有数のコーヒー生産国であるインドネシアやベトナムでは、自国で生産したコーヒー生豆は外貨を稼ぐために輸出され、国内で消費されるのは生産ラインから外れた低品質なコーヒーや低価格のインスタントコーヒーでした。しかし、経済が発展したことで高品質なコーヒーを自国でも消費できるようになり、世界の需給バランスが大きく変化したのです。

また、世界第2位の経済大国である中国のコーヒー消費量は、過去10年で約１５０％増加しました。都市部の若年層の間でコーヒーの人気が高まり、国内のチェーン店も急速に数を増やしています。これらアジアの国々のコーヒー市場は今後も拡大が予想され、世界的なコーヒー需要を押し上げていくと見込まれています。

ＳＤＧｓの最新動向はコーヒーで分かる

コーヒー産業と気候変動の関係

最近は「サステイナブル」や「ＳＤＧｓ」という言葉がビジネスシーンでも一般的になってきました。「サステイナブル」とは「Sustainable」「持続可能な」という意味、ＳＤＧｓとは「Sustainable Development Goals」の略で、「持続可能な開発目標」と呼ばれるものです。これは、２０１５年の国連サミットで採択されました。世界の国々が直面している地球規模の課題を「見える化」して、それらの解決に向けて取り組んでいきましょうという目標のことです。

いきなり「地球規模での課題を解決しよう」と言われても、日々の生活の中ではなかなか実感できないという人も多いでしょう。

しかし、ＳＤＧｓの中でも対策が急がれる気候変動の課題は、コーヒー産業にも大きな

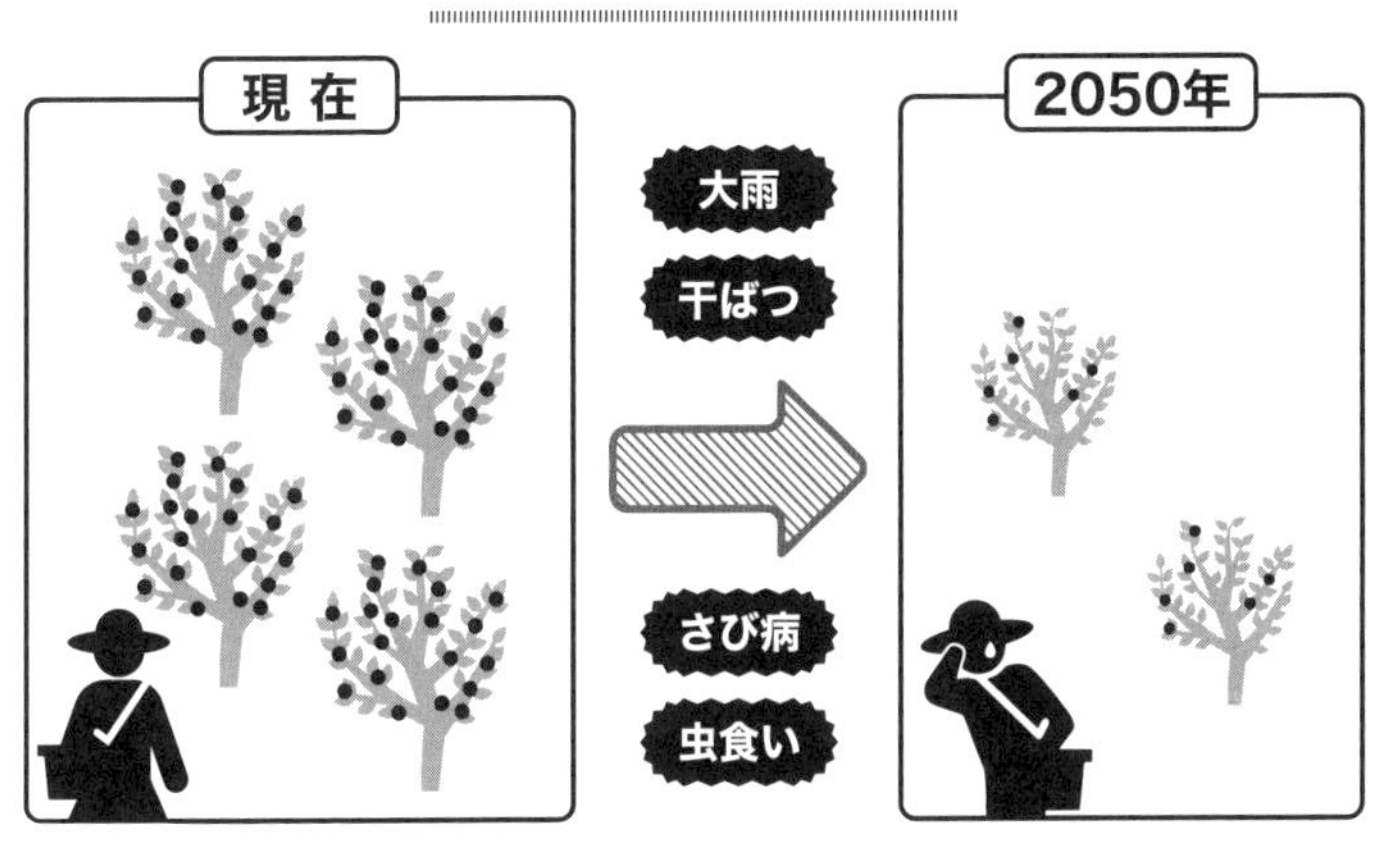

・アラビカ栽培適地が**50%減**
・スペシャルティコーヒーが飲めなくなる？

影響を与えています。近年、世界最大級の生産量をほこるブラジルやベトナムでの異常気象が毎年のように観測され、そのたびにコーヒー相場を高騰させているのです。

ここでは、コーヒー生産国が直面している課題を見ることで、ＳＤＧｓへの理解を深めてみましょう。

２０５０年にはおいしいコーヒーが飲めなくなる？

コーヒーの２０５０年問題というものがあります。

これは、気候変動の影響を受け、２０５０年までにはコーヒー栽培に適した土地が半減してしまうかもしれないという環境問題です。この２０５０年問題が論文として発表されてから約10年が経った今、コーヒー産地は実際に大きな危機に直面しています。

温暖化やそれに伴う大雨や干ばつなどの異常気象は、コーヒーが育つのに適した土地を減らすだけでなく、コーヒーさび病などの病虫害の発生リスクも高めてしまいます。

世界中のコーヒー愛好家から愛されるスペシャルティコーヒーのほとんどはアラビカ種のコーヒー（58ページ）ですが、このアラビカ種は標高の比較的高い冷涼な場所で栽培されるため温暖化の影響を受けやすく、その生産量が大幅に減ってしまうのではないかと懸念されています。

品種改良で気候変動に強いコーヒーを作る

アメリカに拠点を置く世界的なコーヒーの研究所「World Coffee Research」では、気候変動に対応してその進行を少しでも抑えることを目的として様々なプログラムが実施されています。

そのひとつである「フィールド実験」プログラムでは、選抜された31種類の品種を18カ国29カ所の生産地で実験的に栽培し、「どの品種が、どの環境下で、病虫害に強く、生産量が多くて、品質が優れているか」を世界規模で調査しています。「品種改良」プログラムでは、異なる品種のコーヒーを交配したハイブリッド品種の中から、生産量と品質ともに優れているものを選抜し、現在は実用化に向けた実験を行っています。

今までは各生産国がそれぞれ独自にコーヒーの研究を行っていましたが、この研究機関ができたことで、生産国を跨いだ世界中での情報共有と連携ができるようになりました。

地球温暖化に対抗する農業方法 アグロフォレストリー

また、他の作物と一緒にコーヒーを育てることで気候変動への対策を試みる国もあります。これは「アグロフォレストリー」と呼ばれる「Agro 農業」と「Forestry 森林管理」を合わせたもので、森の自然環境を保ちながら農業をしていきましょうという農法です。

コーヒーは日陰を好む植物で、もともとは森の中に自生していました。そのため、産地の森の中にコーヒーを植えれば、農地として森を伐採することなくコーヒーの収穫から収入を得ることができるようになります。

アジアでは、山の一区画を焼き畑にして、トウモロコシや米を栽培することがよくあります。主に自分たちが食べるための生産です。

焼き畑には周期があり、毎年栽培する場所を変えていき、一周して最初に焼き畑をした場所に戻ってくるのは15〜20年後というのが伝統的な周期です。そうすると、戻ってきた頃には焼き畑をした土地の植生が回復しており、持続的な農業が可能となっていました。

しかし、近年その周期が早くなり、5年や10年という短期間で一周させてしまいます。そうすると土地がだんだんと痩せてきて草木が新たに生えてこなくなるという問題が出てきました。

山に木が生えていないと地盤が緩くなり、土砂崩れなどの災害が起きやすくなります。また、村で暮らす小農家さんにとって水の確保は必須になりますが、森がなくなることによって、その木々の根っこに蓄えられていた水がそのまま流れていってしまい、ひどい場合には土壌浸食とともに水の確保ができなくなるケースもあります。

このように、収穫量の増加だけを求めて環境に負担の大きい農業をしていると、栽培地はもちろんその作物を育てる人々の住む土地まで失わせることになり、農業どころではなくなってしまいます。

アグロフォレストリーでは混植栽培が基本なので、他の商品作物（アボカドやマンゴー

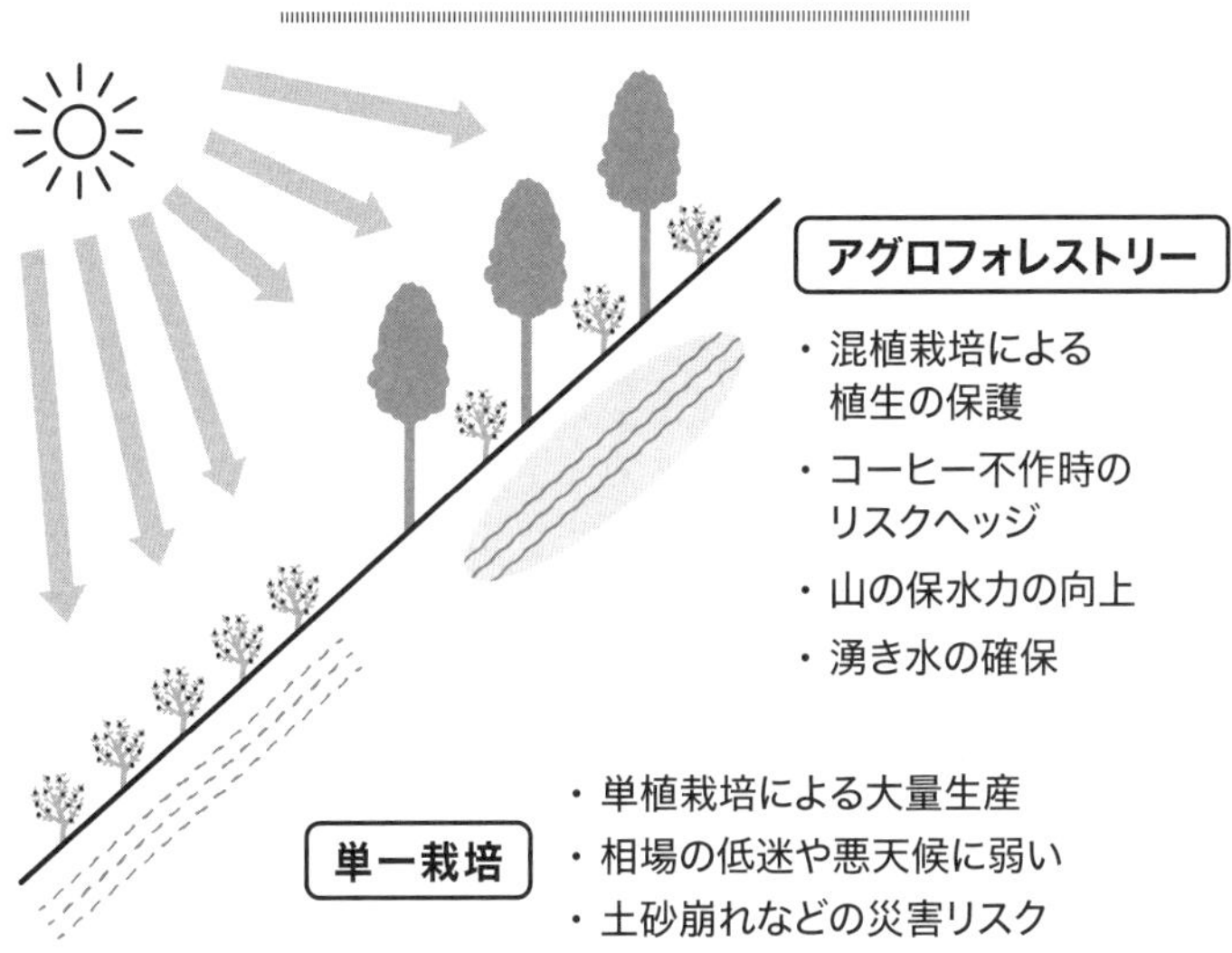

といった果物やサツマイモや里芋などの根茎類、ウコンやカルダモン・シナモンなどのスパイス）を一緒に森で育てることができ、コーヒー以外からも収入を得られるという利点があります。

どの作物も市場ができているため相場がありますが、他の作物を植えることによってコーヒー相場が低迷して収入が減った場合や悪天候で収穫量が減ってしまった時のリスクヘッジとなるのです。

私は今までアジアの生産国の各村で小規模の農家さんに対して栽培のことを伝えてきましたが、持続可能性の高い農法であるアグロフォレストリーでコーヒーを栽培していこうと毎回言っています。世界のコーヒー生産を支えている小農家の生活の動向こそが重要だと考えているからです。

コーヒー農園と聞くと、大規模な農園で一面に広がるコーヒー畑を思い浮かべる方が多いと思いますが、実は世界のコーヒー生産は、10ヘクタール未満の小さな農地を持った「小農家」と呼ばれる生産者のほうが多いのです。そんな小規模の生産者たちがサステイナブルにコーヒー生産を続けていけるような状況を作ることが、私たちが毎日おいしいコーヒーが飲める日常につながっていくのです。

コーヒーで学ぶ「カーボンニュートラル」

世界中で排出される二酸化炭素を減らしていこうという取り組みがなされていますが、なかでも「カーボンクレジット」という仕組みがトレンドとなっています。

これは、ある企業が排出を減らすことができた二酸化炭素の量を「クレジット」として保有し、別の企業が排出した二酸化炭素の量と「オフセット（相殺）」することができる仕組みです。企業間で売買することが可能で、第三者機関に認証してもらったカーボンクレジットをオフセットしたい企業が買い取り、売買が成り立ちます。

コーヒー業界では、コロンビアの生産者が二酸化炭素削減に寄与する農業を行っている

カーボンクレジットでCO_2をオフセットする

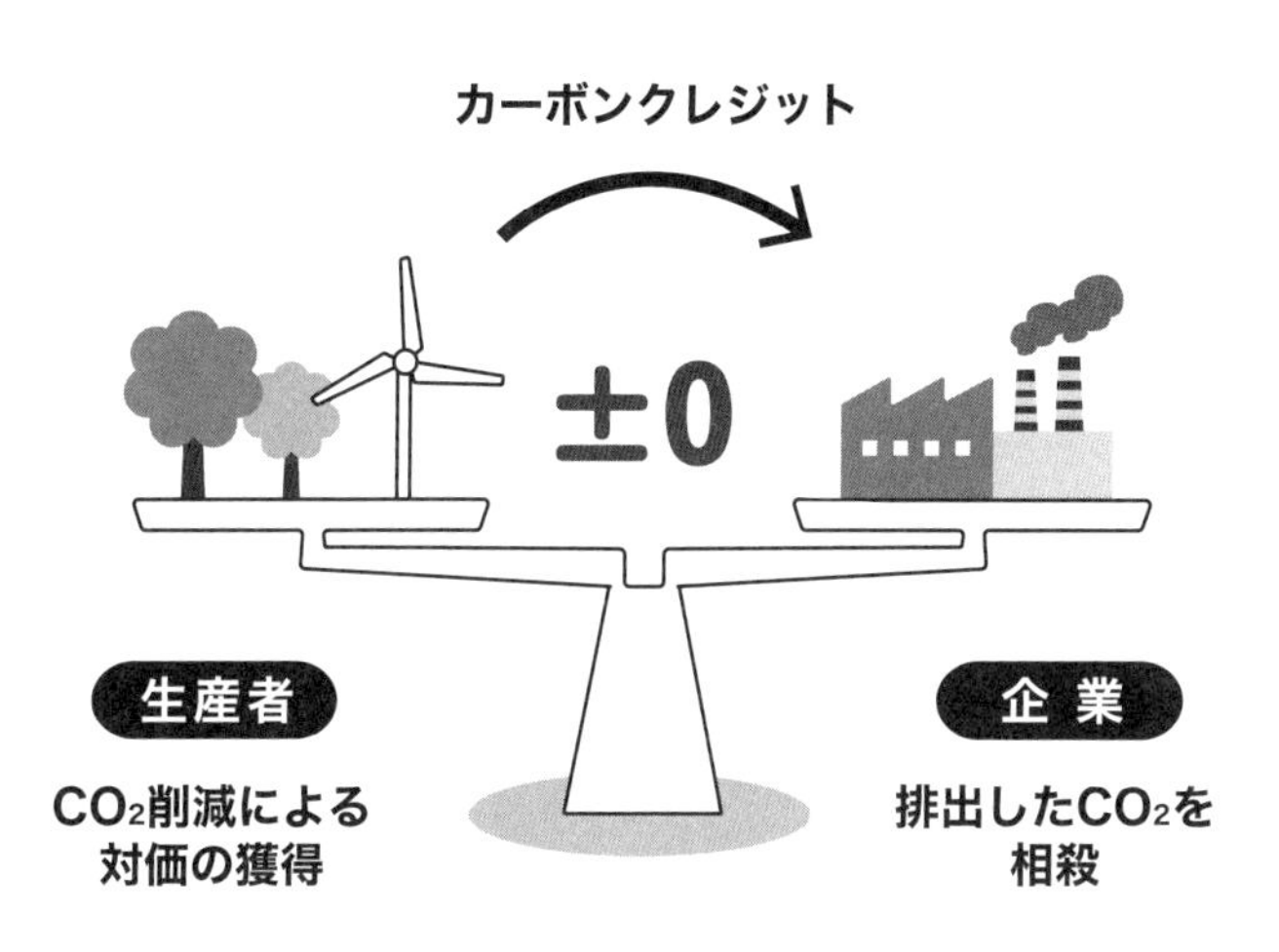

ことに対してカーボンクレジットが発行され、その対価を得た事例があります。もし安定的な売買がなされるようになると、生産国での森林保全や農業方法の改善によって、コーヒー生産者や輸出会社がカーボンクレジットを作り、それを必要としている海外の企業に販売することが可能となり、大きな循環を作り出すことができるということです。

コーヒーを生産してそれを売って収入を得るという、物の価値の交換ではなく、小農家がその土地を環境負荷のない農法で守りその対価としてカーボンクレジットの価格が付与されるという、その産地の環境や土地それ自体の価値をベースにした取引が行われるのです。

コーヒー産地はＳＤＧｓ先進国

生産国では、ＳＤＧｓのようなスローガンが叫ばれるずっと前から、数々の取り組みが行われてきました。

例えば、グアテマラのコーヒー栽培地は、ネコ科のピューマの生息地でもあります。そのため、ある輸出会社は、コーヒーの買い付け価格にプレミアム価格を設定し、その金額をピューマの保護活動にあてています。

また、ルワンダのキニニというコーヒー生産地では、女性が中心となって結成した協同組合がコーヒー生産者支援を行っています。コーヒーの苗木生産・無償提供・栽培メンテナンス等々のトレーニングを行い、良質なコーヒーを生産しています。

産地への還元性を高める動きとしては、カーボンクレジットのようなスキームのほか、このような「動物保護による生態系の維持」や「女性生産者への支援」などもＳＤＧｓの一環と言えます。

他国の生活状況を理解することは、外国人と関わる全てのビジネスで重要となる

新時代のビジネスパーソンに必要な力

あなたがいつも飲んでいる一杯のコーヒーが、実は世界とつながっているということが、なんとなく分かってきたのではないでしょうか。

どの国で生産されたか、どういった人が栽培しているか、どんな政治・経済状況なのかということによって、その商流は大きく影響を受けます。

また、環境問題や社会課題といった日常から少し距離を感じる事柄に関しても、コーヒーを通して見ると、少し身近に感じられるのではないでしょうか。

私はほぼ毎月のようにどこかのコーヒー生産国へ行っているのですが、常に産地で気にしていることがあります。

カフェ文化の広がり、地元のスーパーのコーヒー価格、その国の政治状況、為替、コー

ヒー相場、コーヒーの政策、環境に対する意識や実践といった事柄です。それぞれを理解していくと、今後の事業の展開や仕事の場における立ち回りも大きく変わってきます。

例えば、タイと周辺のコーヒー生産地の関係性を見てみると、タイはコーヒー生産国でありながら、コーヒー消費がここ数年で大きく伸びています。これまで、近隣の国々は日本や欧米に輸出することを優先していましたが、それらの国々よりも高く買ってくれることから、タイへの輸出が大きく増えていきました（タイは、自国のコーヒー産業保護のために輸入品に対しては90％の関税を課していますが、山岳地帯の国境では密輸が横行していたりします）。

そうした状況では、無理やり日本にコーヒーを輸入するより、タイへの商流を築いていったほうがビジネスとしての将来性がありそうだと予測できます。

このように、他国の実情を知った上で事業戦略を立てていくという仕事の進め方は、コーヒービジネス以外でも通用するはずです。

コーヒーを深く知り、その背景にある政治や経済、人々の価値観まで理解しようとする好奇心は、海外とのビジネスの機会が多くなっていく時代において、世界で活躍するビジネスパーソンにとって重要なものとなるでしょう。

生産地でのコスト上昇は何年後くらいに日本の販売価格に影響する？

コーヒー相場が店頭の価格に反映されるまでにはラグがある

コーヒー相場が高く、為替は円安。この状態は、コーヒーを輸入する日本にとってはダブルパンチで仕入れコストが大きく上昇しました。

しかし、仕入れコストが上昇したからといってすぐに販売価格へ反映されるわけではありません。それには、収穫期と輸出・輸入の時期、そして日本の在庫が関係しています。

例えば、ブラジルの場合、収穫期は5月～9月、日本に輸入されるのは11月～2月が一番多くなります。つまり、日本のコーヒー輸入会社は、5月～9月の時点で、おおよその年間使用量を計算して買い付けを行います。

「11月に100トン欲しいから、9月中旬ぐらいにはコーヒーを出港させてね」という買い付けを5月の時点で行います（ブラジルから日本までの海上輸送には一ヵ月半～2ヵ月かかります）。

価格は、その時のコーヒー相場に基づいて決められます。そのため、例えば2021年の霜

害の影響で相場が上がり、コーヒー価格が上昇したブラジル産のコーヒーは、輸入された11月以降にその価格が反映されます。そして、11月以降にコーヒーを仕入れる街中のコーヒー屋さんがその価格の影響を受けるという流れが出来上がります。

国内在庫を使って値上げを遅らせる

また、日本のコーヒー輸入会社の多くが、倉庫にコーヒーを保管しています。それは、「おそらくこのぐらいは売れるだろう」といった予測に基づいてコーヒーを輸入しているためです。時には、前年に買い付けたコーヒーをまだ在庫として持っている場合があります。相場が上がる前に買い付けたそのコーヒーは、輸入会社にとってはとても良い買い物ができたということになります。なぜならば、コーヒーの価値が前に買い付けた時よりも上昇しているからです。彼らは「今新しく買い付けすると高いですが、弊社にある在庫ならば今の相場よりも少し安くできますよ」と販売します。

仕入れるコーヒー屋さんも、「本当は新しい豆を買いたいけれども、仕入れコストが爆上がりしては、お客さんが買ってくれない」ということで、相場高騰時には日本の国内在庫から買い付けを行い、仕入れコストの上昇を少しでも抑えようとしていました。

生産国から消費国までの値上げサイクル

※2021年ブラジル霜害の場合

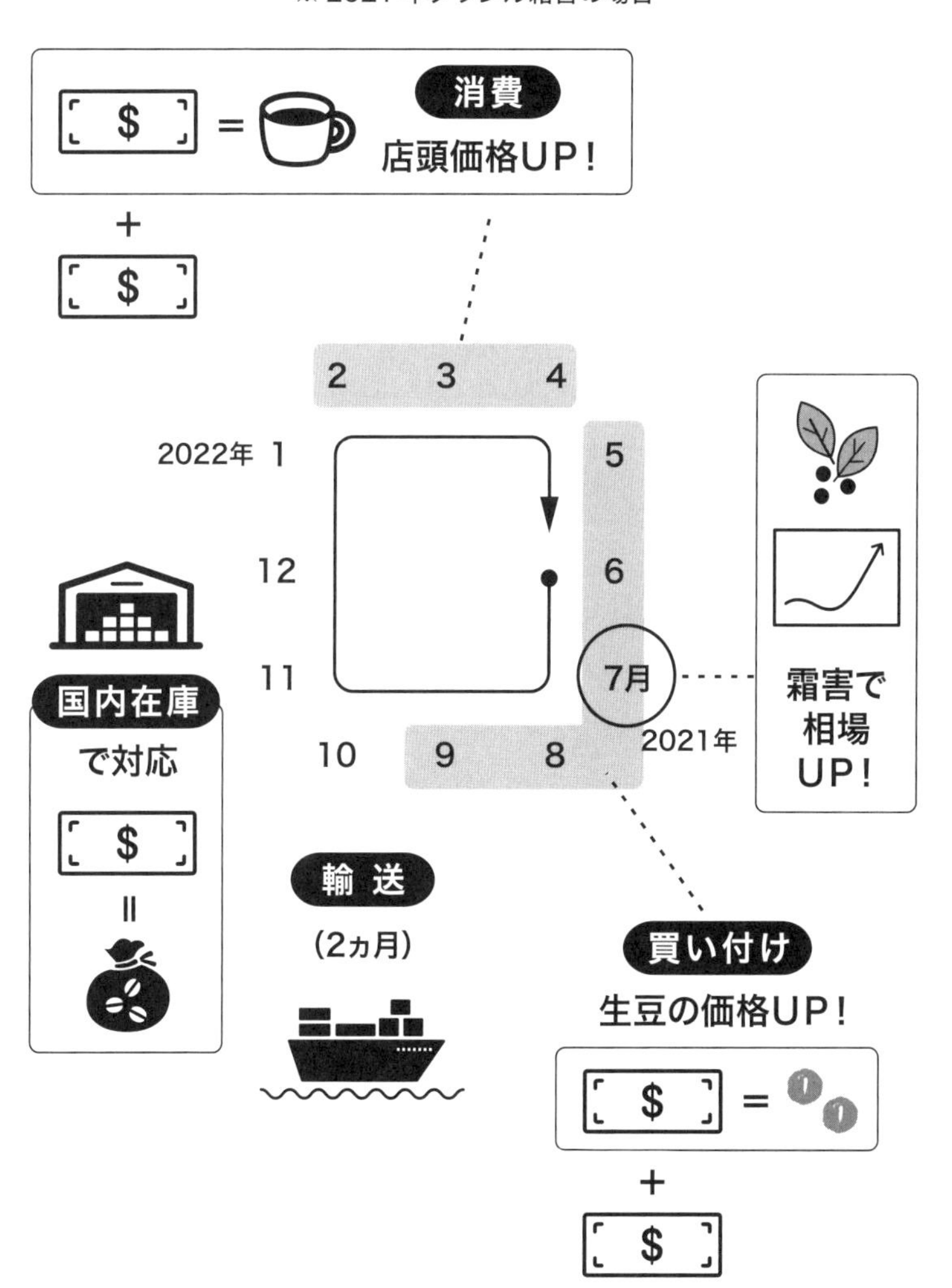

そのほか、仕入れコストを抑えるために様々な努力を日本のコーヒー会社は行っていました。

例えば、今までブレンド用に特定の産地のコーヒーを使用していたところをもっと安い産地のコーヒーで代用し、ブレンドの配合率を変更することで味わいが変わらないように何度も試行錯誤を行い、販売コストの上昇を抑えました。また、いつもよりも多く仕入れて単価を下げることで買い付けコストを抑えるということもしていました。

コーヒー相場や為替の変動は各国の生産状況や社会情勢によるところが大きく、それらへの反応が早い、いわゆる「レスポンシブ（Responsive）」なものであるのに対して、実際に消費国の販売価格に影響が出るのはそれから数ヵ月後、物によっては一年後ぐらいからになります。

私の会社でも様々な地域のコーヒー屋さんにヒアリングを行いましたが、２０２１年７月の相場上昇の影響による価格変更をし始めたのは、２０２２年の４月頃からとの回答がほとんどでした。

第2章

意外と知らない、コーヒーの基礎知識

基礎知識①

コーヒーは「マメ」ではなく果実の「タネ」

植物としてのコーヒー

コーヒー豆は、コーヒーノキという植物から採れる果実（コーヒーチェリーと言います）の種のことです。焙煎する前のコーヒー豆は生豆（なままめ）（または「きまめ」）と言います。

コーヒーは、主に熱帯・亜熱帯気候の地域で栽培され、地図上で見ると、北緯25度から南緯25度の間を赤道に沿って広がるベルトのように見えることから、このエリアを「コーヒーベルト」と呼びます。

コーヒーは植物学的に見ると、「被子植物門、双子葉植物網、アカネ目、アカネ科、コーヒーノキ属（またはコフィア属）」と分類ができます。その中で、世界で流通しているコーヒーは2種類で、アラビカ種（*Coffea arabica*）、ロブスタ種（正式名はカネフォラ種 *Coffea Canephora*）と呼ばれる種です。

植物の分類上、「属」の下位階級に「種（Species）」、その下に「品種（Variety）」が続きますが、ティピカやブルボン、ゲイシャなどは、アラビカ種の下に位置する「品種」のことです。

世界で消費されているのは主に2種類

アラビカ種は主に、ブラジルやコロンビアなど南米、コスタリカ、グアテマラなど中米の諸国から、モカの銘柄で有名なエチオピアの位置する東アフリカの国々のほか、マンデリンの銘柄で知られるインドネシアなどアジアでも栽培されています。

ロブスタ種の生産地としてはアジアの国々が強く、生産量が世界第2位のベトナムでは栽培されるコーヒーの9割以上がロブスタ種です。アジア以外では南米のブラジル、アフリカのウガンダなどで栽培されています。

世界のコーヒー生産の約6割がアラビカ種、約4割がロブスタ種です。そのほかにも「リベリカ種」や「ユーゲニオイデス種」と呼ばれるコーヒーがたまに市場に出てくることもありますが、流通量としてはごくわずかです。

アラビカ種とロブスタ種の大きな違いとしては、次の3つの点を押さえておきましょう。

① 味わい

アラビカ種は香味のバリエーションが豊かで果実のような酸味を楽しむことができます。日本で有名なブルーマウンテンやハワイコナもアラビカ種のコーヒーです。一方のロブスタ種は、独特の苦みと麦茶のような香ばしさがあり、インスタントコーヒーやコンビニコーヒーの原料に使用されています。

② カフェイン含有量

アラビカ種とロブスタ種では、カフェインの含有量が違います。アラビカ種に比べてロブスタ種は約2倍のカフェインを含みます。アラビカ種の中には、カフェインがほとんど含まれていない品種もあり、「リロイ」や「ラウリナ」がそれに当たります。

コーヒーノキの分類

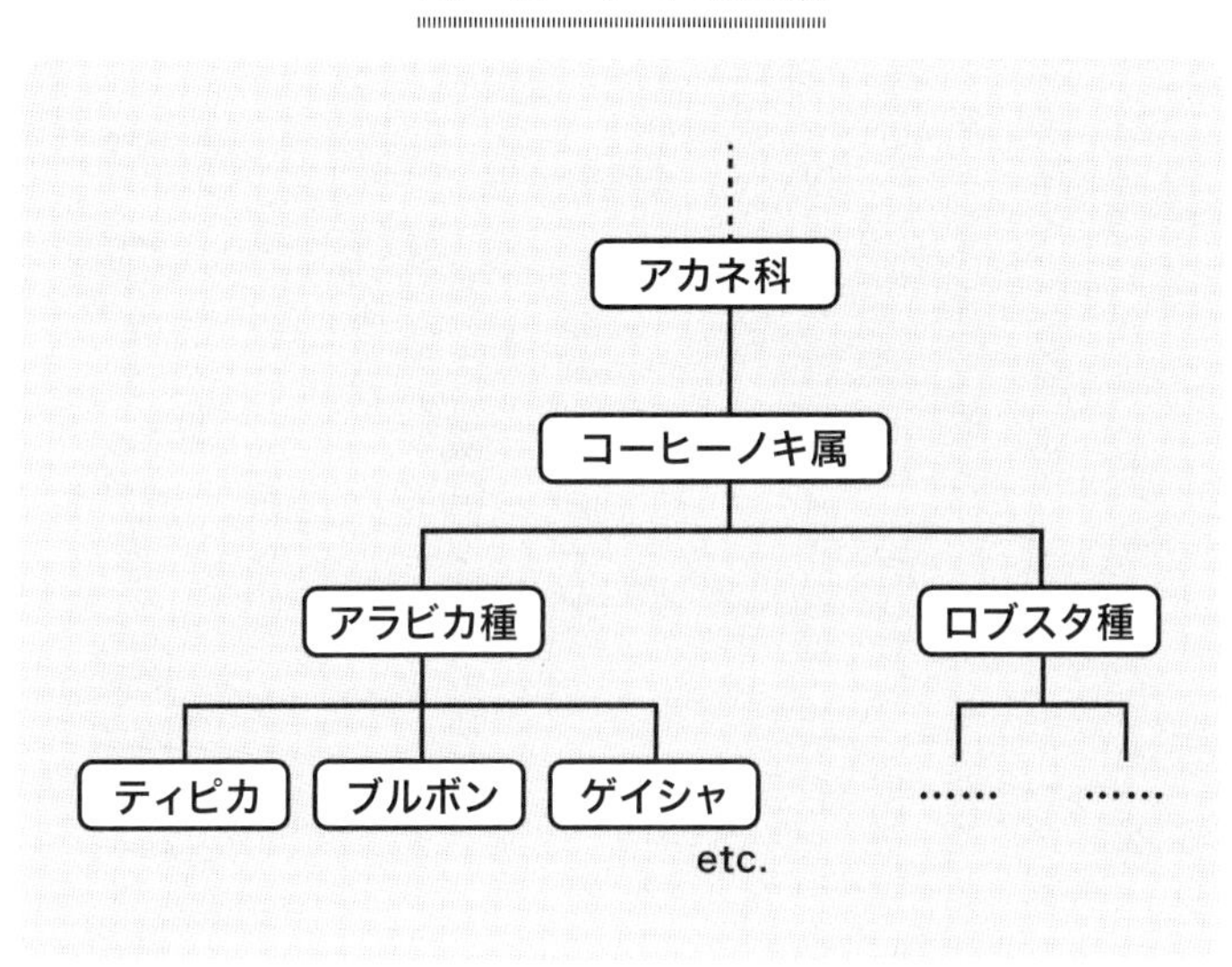

③ コーヒーの木の性質

アラビカ種のコーヒーの木は標高の高い山岳地帯で栽培されることが多いですが、ロブスタ種は主に低地で栽培されます。

アラビカ種よりもロブスタ種の木のほうが大きく育ち、幹も太くなります。葉っぱも分厚く品種によっては、アラビカ種の3倍以上の大きさになります。

コーヒーの発祥地については昔から様々な学説が提唱されているのですが、おおよそアラビカ種はエチオピアと南スーダン、ケニアの国境あたりが発祥の地とされ、ロブスタ種はコンゴ民主共和国で自生していたということで落ち着いています。

基礎知識②

アラビカコーヒーの育つ農園は涼しい

どんな環境で栽培される?

コーヒーは暑い地域で育てられているイメージがあるかもしれませんが、実はそうとは限りません。

コーヒーの木は、それぞれの「種」によって生育環境が異なります。ロブスタ種は熱帯性の環境を好むため低地で栽培されますが、アラビカ種は冷涼な環境を好むため主に高地で育てられます。標高で見ると、ロブスタ種は0~500m、アラビカ種は800~2000mと分けることができます。

熱帯や亜熱帯の生産国であってもアラビカ種が栽培される農園では夜間の気温が10℃を下回るほど冷え込むこともあるのです。

土壌は弱酸性を好み、団粒構造と呼ばれる大小様々な土が混じっている土壌が栽培に適していると言われています。砂粒の間に空洞ができているため、コーヒーの根っこが呼吸をしやすく、適度な水捌け具合になるからです。

また、コーヒーの木は、土壌中の養分を主に地表に近い場所から吸収するので、その場所（表土）にしっかりと有機物や微生物が含まれているとよく育ちます。

熱帯気候の特徴である雨季が収穫期を決める

収穫される時期はそれぞれの地域で異なり、主に南半球側の生産国では4月～9月の間、北半球は10月～3月の間に収穫されることが多く、基本的には年に一度しかありません。

コーヒーは、ある程度まとまった雨が降った後に開花し結実するという性質を持っています。

赤道付近に位置するインドネシア、コロンビア、ケニアなどは雨季が年に2度あるため、年に2回以上収穫が可能です。

雨季が複数回あるような地域では、ほぼ一年を通して収穫ができたりします。

大きな湖や熱帯雨林が近くにある産地では、湖や森林から水分が蒸発して雲を作り出し、局地的な雨を降らせます。そのような場合でも、コーヒーの木は「雨季が来た」と勘違いして、開花の準備を始めます。そのため赤道付近では、年がら年中コーヒーの実を収穫できたりするのです。

コーヒーは、種を植えてから約3年で実をつけ始めます。5年目ぐらいから十分な収穫量が見込めるようになり、20年目ぐらいになると収穫量が減っていきます。

そのため、20年ぐらい経ったコーヒーの木は、地面から30㎝ほどのところで切り落とされます。すると、切られた幹から新芽が生えてきて、また収穫ができるようになります。

大きな農園ではこうしたカットバックを計画的に行うことで農園を管理しています。一方で、昔からコーヒーを自分の裏庭で栽培している小農家さんの中には、「コーヒーの木に先祖の魂が宿っている」と考えて、切りたがらない方もいらっしゃいます。

コーヒーノキ　生育条件について

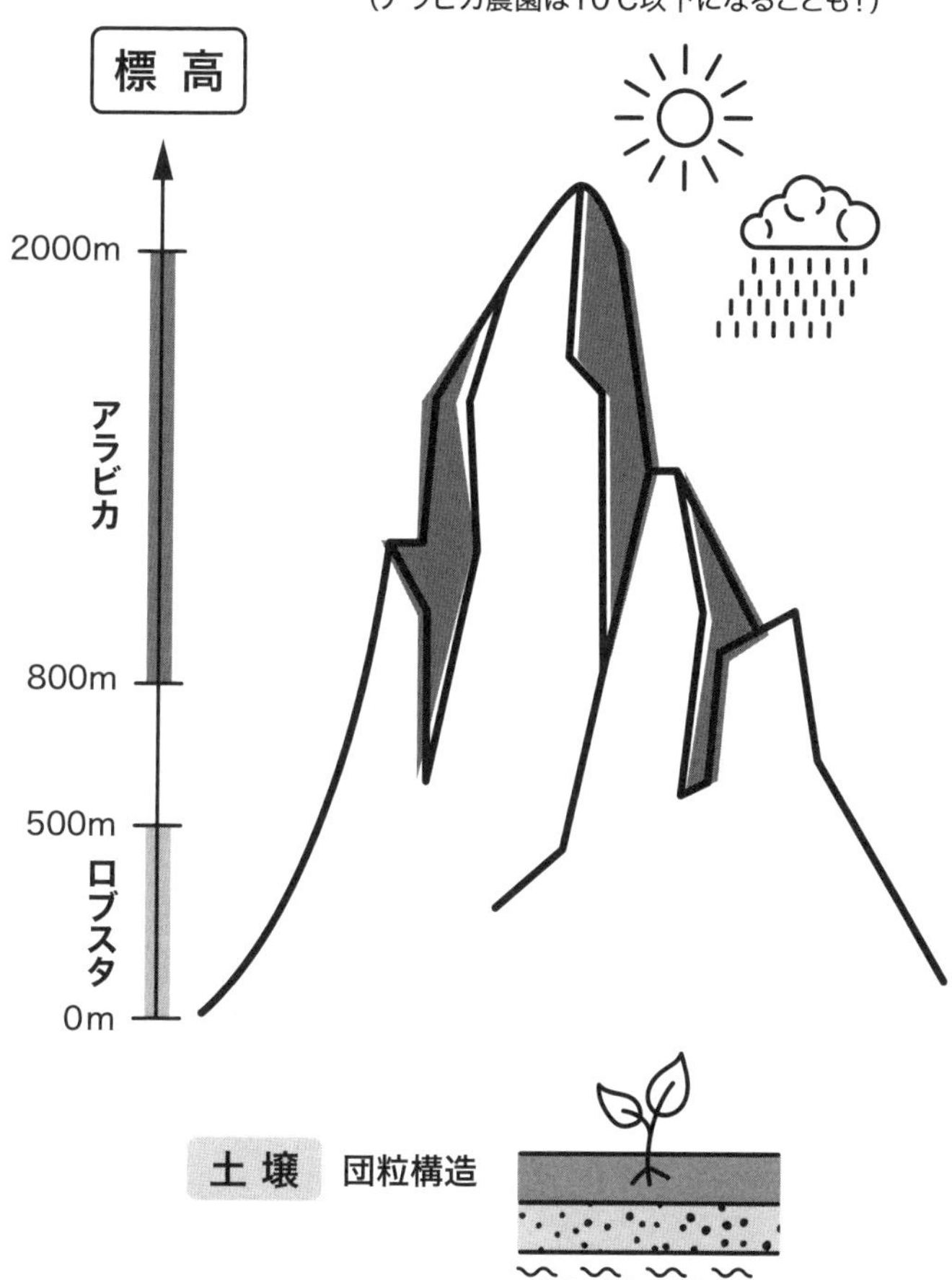

基礎知識③

産地での味づくりのカギは精選処理にあり

コーヒーの味わいを大きく左右する「発酵」の秘密

コーヒー生豆を船で出荷できる状態にするには、まずコーヒーの実から種子を取り出す必要があります。

コーヒーチェリーは次の図のように、薄い外果皮と柔らかい果肉の中に種子が入っています。その種子をさらに細かく見ると、パーチメントと呼ばれる堅い内果皮に覆われており、そのパーチメントはミューシレージと呼ばれる粘液層に覆われています。

コーヒーチェリーを生豆へと加工する作業を「精選処理」と言い、どのような方法で取り出すかによって、皆さんの飲むコーヒーの味わいが大きく変わります。

精選処理の方法は大きく4つあります。ウォッシュド・プロセス（水洗式）、ナチュラル・プロセス（非水洗式）、ハニー・プロセス、そしてスマトラ式です。

コーヒーチェリーの構造

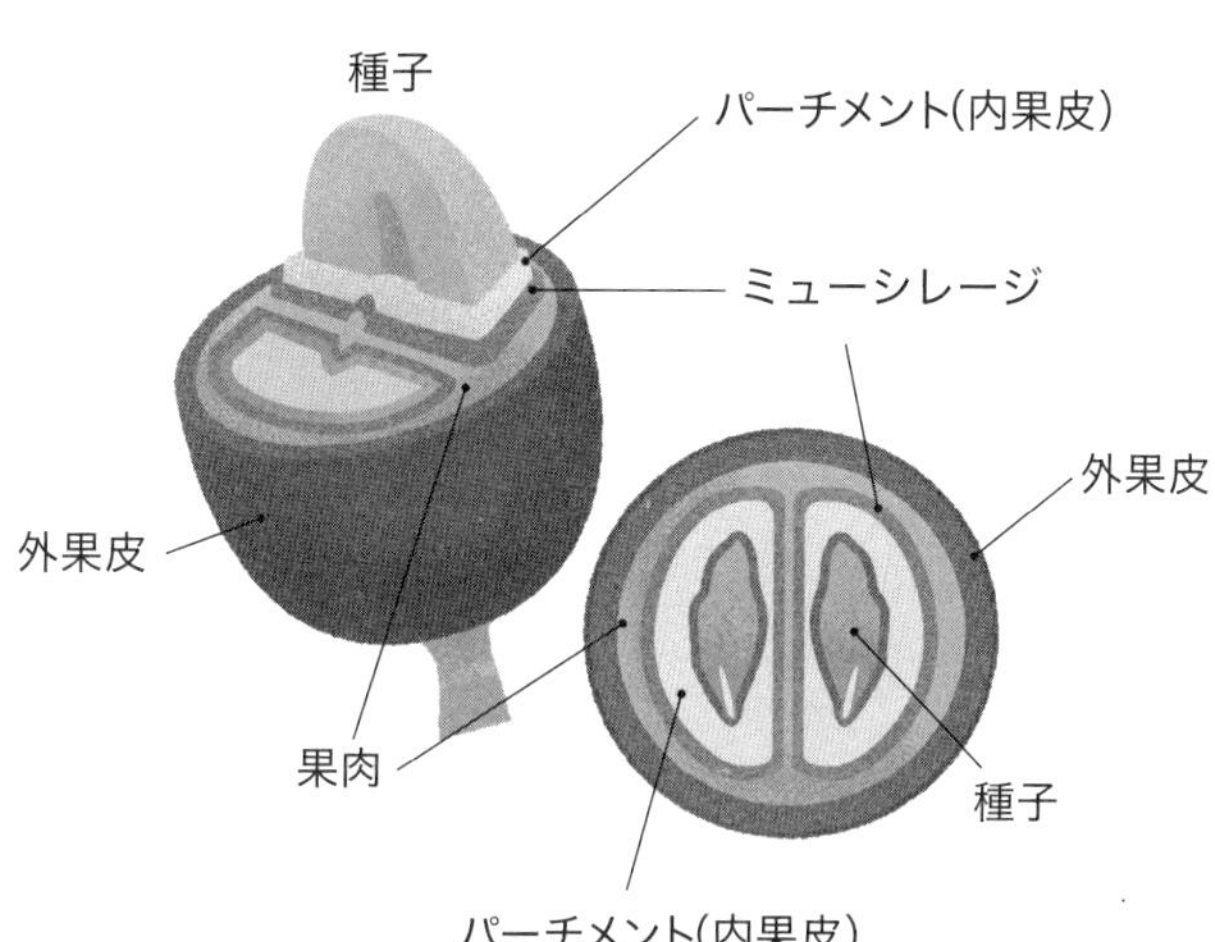

４つの精選処理において、コーヒーチェリーからどのようにして種子が取り出されるかを見ていきましょう。

①ウォッシュド・プロセス（水洗式）

ウォッシュド・プロセスは、まずコーヒーチェリーの果肉を除去してから水槽に入れ、ミューシレージを取り除きます。

ミューシレージはヌルヌルした疎水性の物質なので、そのままの状態では水洗いをしても簡単に取れません。そのため、微生物の力を借りて発酵させることでミューシレージを分解してから洗い流すのです。この工程を、ディミューシレーション（De-mucilation）や発酵（Fermentation）と呼びます。

ミューシレージを分解して水洗いした後は、パーチメントに覆われた状態の生豆を乾燥させ、適切な水分値に仕上げていきます。

水分値が高いとカビや腐敗の原因になったり、色が変色してしまったりすることが多く、品質に大きな影響を与えます。そのため、適切な水分値に仕上げることが重要です。

ウォッシュド・プロセスは、爽やかな酸味のあるコーヒーに仕上がります。酢酸のような酸味ではなく、オレンジやグレープを思わせるような酸味になります。

②ナチュラル・プロセス（非水洗式）

ナチュラル・プロセスはコーヒーチェリーをそのまま乾燥させる方法です。水を使ってミューシレージを取り除く工程がないため、「非水洗式」とも呼ばれます。

乾燥させている間にコーヒーチェリーの内部で発酵が起こりますが、この工程に時間がかかるため、カビや腐敗のリスクが高い生産処理方法です。湿度の高いコーヒー産地ではあまり好まれません。

エチオピアやブラジルで採用されてきましたが、うまく加工できると果実味あふれるとても特徴的な香味のコーヒーになるので、現在では様々な生産国でこの精選処理が試されるようになりました。

③ハニー・プロセス

ハニー・プロセスはウォッシュドとナチュラルの中間をとった方法で、コーヒーチェリーの果肉除去を行った後、ミューシレージが残った状態で乾燥させていきます。

乾燥にかかる時間が少ないため、非水洗式よりも発酵をコントロールしやすい方法です。ミューシレージにはペクチンと呼ばれる多糖類がたくさん含まれており、それがついた状態でコーヒーを乾燥させるとカラメル化が起こり、パーチメントの周りが赤茶色に変色します。その変化から「ハニー」という名前がつきました。カラメル化したミューシレージにはショ糖が多く含まれており、それにより香味的にも、ウォッシュドとナチュラルの間のようなバランスの取れた味わいになります。

④スマトラ式

スマトラ式は、インドネシアのスマトラ島でよく行われる精選処理で、高温多湿になりやすい土地ならではの方法です。

果肉除去をして水槽に入れ、ミューシレージを分解するまでの工程はウォッシュド・プロセスと変わりません。

違いは、生豆の水分値が高い段階で一次乾燥を終了する点です。

パーチメントがまだ乾ききっていない柔らかい状態で脱穀し、中に入っている種子を取り出してしまうのです。そこから生豆を再度乾燥させて適切な水分値に仕上げます。つまり、パーチメントの状態で一次乾燥を行い、生豆の状態で二次乾燥を行う方法です。

スマトラ式は、乾季でも雨がよく降るスマトラ島でも効率的に種子を乾燥させられる方法として発展してきました。

この方法によって、インドネシアの「マンデリン」という銘柄に特徴的なコクのある複雑な味わいを生み出すことができます。

このように、ひと口にコーヒーと言っても精選処理によって香味が大きく変わってきますし、同じ処理を行っても品種や生産国の気候風土によって味わいが異なります。それぞれの違いを楽しむことがコーヒーの醍醐味でもあります。

注釈

実は、コーヒーの精選処理の名称は、同じ処理方法に様々な名前がつけられています。ウォッシュド・プロセスを「水洗式」や「フーリーウォッシュド」と称したり、ハニー・プロセスを「パルプドナチュラル」と言ったり、ナチュラル・プロセスを「ドライナチュラル」「非水洗式」と言ったりしています。

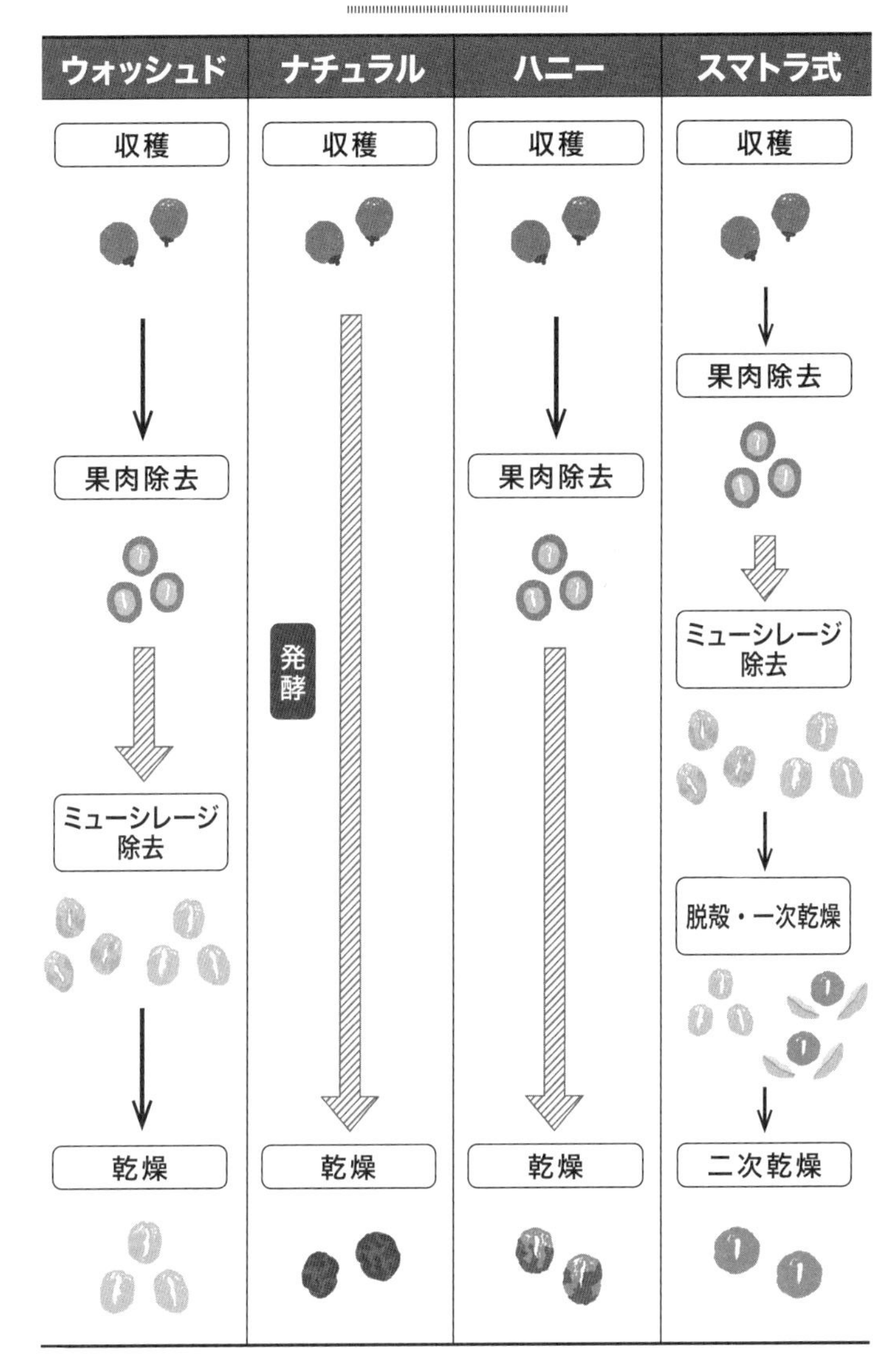
精選処理の違い
ウォッシュド
ナチュラル
ハニー
スマトラ式
収穫
収穫
収穫
収穫
果肉除去
果肉除去
果肉除去
ミューシレージ除去
発酵
ミューシレージ除去
脱殻・一次乾燥
乾燥
乾燥
乾燥
二次乾燥

基礎知識④

スペシャルティコーヒーの条件は「おいしさ」だけではない

「おいしい」コーヒーは何が違うのか？

コーヒーには、大きく分けて3つの品質基準があり、香味や欠点豆の数によってコモディティ、プレミアム、スペシャルティに分類されます。

なぜこのような分類があるかと言うと、コーヒーの国際取引において買い手側がどういった品質を求めているか、売り手側がどのような品質のものを作っているかといった共通の認識がないと、コミュニケーションが難しくなるためです。

コモディティとは一般商品、つまり、一定の輸出規格に則って生産されるコーヒーのことです。取引価格は、生豆の輸出規格とコーヒー相場（ディファレンシャルを含む）をもとに決められます。

輸出規格とは「格付け」や「グレード」とも呼ばれ、コーヒーの品質を示すものです。各生産国の生産環境によって独自に設定されるのですが、次の４つをもとにしていることが多いです。

・産地の標高
・カップテストによる香味の品質
・生豆の大きさ（スクリーンサイズ）
・欠点豆（コーヒー生産の過程で出てくる不良品のようなもの）の数

例えば、ブラジルの場合、輸出規格は、一定のサンプル中に含まれている欠点豆の数、生豆の粒の大きさ、そして香味の３つによって決められています。取引時に交わす契約書には、「No.2, 17/18, Fine Cup」と記載されていたりします。意味は次の通りです。

No.2 →欠点の数
17/18 →コーヒー豆のサイズ
Fine Cup →香味の品質

プレミアムは、コモディティ品の輸出規格からもう少し、産地や豆のサイズを限定したコーヒーのことを指します。例えば、上記の「No.2, 17/18, Fine Cup」に、産地の情報をもう少し細かく限定していきます。

ブラジルの中でも「セラード地域で収穫されたコーヒーだけ」「サイズの大きな豆だけ」を集めて、コモディティ品よりも高品質なコーヒーとして出荷します。プレミアム品の輸出規格は「No.2, 18, Fine Cup, Cerrado」のように表示されます。

スペシャルティコーヒーの基準は「高品質」と「トレーサビリティ」

スペシャルティコーヒーは先にお伝えしたコモディティやプレミアムよりも高い品質を持つコーヒーのことを言います。

スペシャルティコーヒーをごく簡単に説明すると、「ちゃんと品質管理が行われており、香味が素晴らしいコーヒー」ということです。

特徴のある酸味や香りがあり、カッピング（第4章で説明する品質評価方法）の点数としては80点以上のコーヒーがスペシャルティに分類されます。

基本的にはコモディティやプレミアムと同じ輸出規格に則っていますが、その上で香味

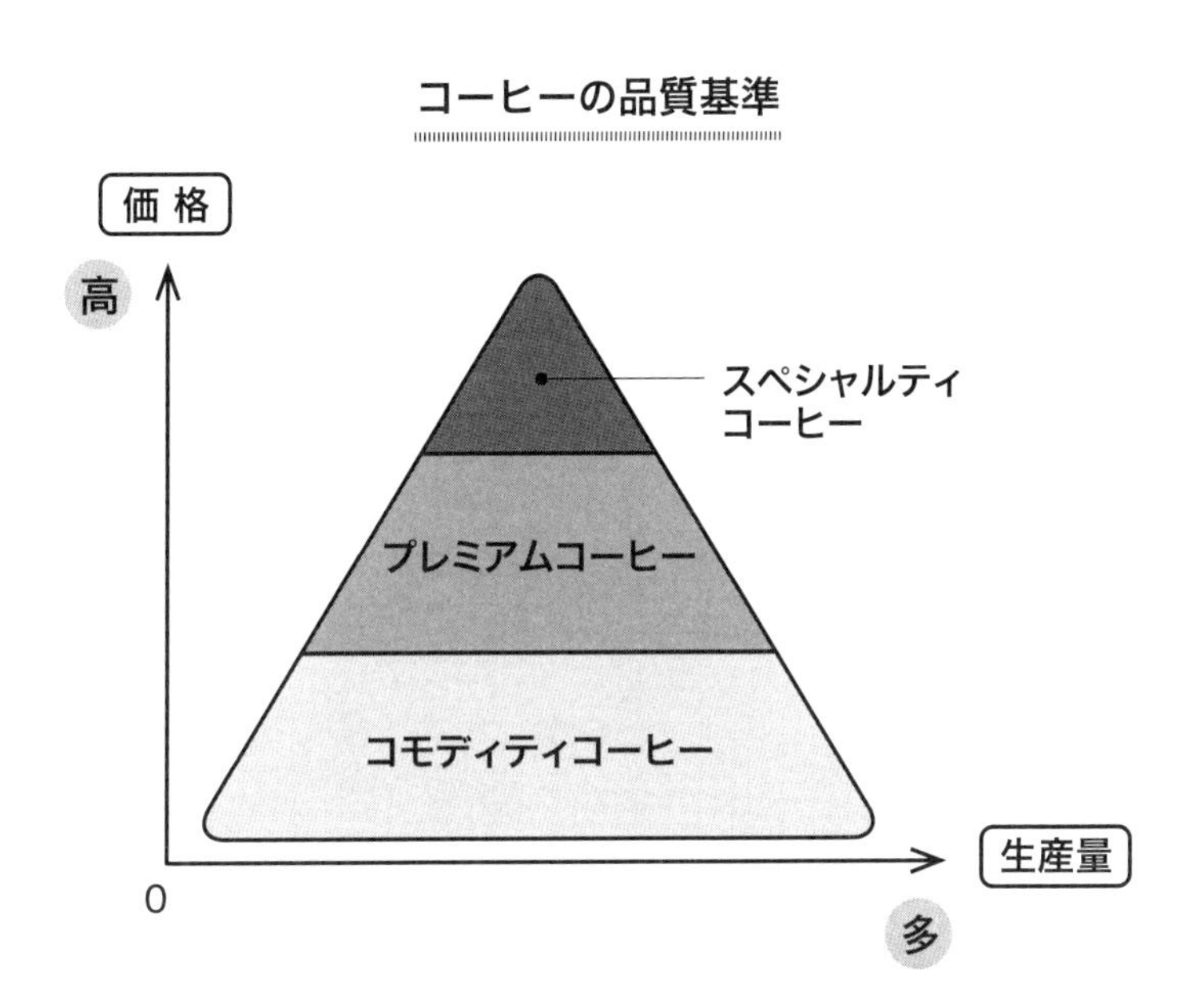

の特性をしっかりと感じることができるコーヒーかどうかや、欠点数がスペシャルティの基準に則っているかなどを見定めて、品質を保証しています。

　また、おいしさだけでなく、「トレーサビリティ」がしっかりとしているコーヒーであることも重要です。

　これは何かと言うと、例えばブラジルのミナスジェライス州の南ミナスのマンチケイラという地域で、カルロスさんという方が、ヴァルジェムグランデ農園という農園を運営しており、そこで生産されるコーヒーは手摘みで丁寧に完熟した実だけを選りすぐって品質を上げています。加工のそれぞれの工程においてもロット管理がしっかりと行われているようなコーヒーは「トレーサビリティがある」と言えます。

スペシャルティコーヒーの登場によって変わったこと

スペシャルティコーヒーの登場によって、コーヒーの価値を香味品質で評価することができるようになりました。

従来の品質評価方法では、コモディティにしろ、プレミアムにしろ、「変な味わいになっていないか」「コーヒーらしい香味になっているか」といったことが基準とされていました。そのため、欠点となるような、発酵した風味やカビっぽい香りのしないコーヒーが良しとされてきました。

一方、スペシャルティコーヒーでは、「コーヒーには様々な香りがするから、その素晴らしい香味を評価して価値をつけよう」という、新しい価値基準ができました。

ここに、スペシャルティコーヒーの大きな功績があります。

取引される価格帯も、通常のコーヒーとは違い、高値で取引が可能となります。コーヒーの品評会に出品して入賞すれば、さらに価格を上げることができます。

今まで相場と需給バランスで価格が決められていたコーヒーを、「おいしさ」という基準によって取引できるようになったのです。

このスペシャルティコーヒーは、努力すれば作り出すことができることも重要なポイントです。

もちろんワインのように、環境的に素晴らしい香味特性を生み出す土地も、コーヒー栽培にはあります。

しかし、コーヒーの場合、収穫した後の精選処理の方法によって品質や味わいが大きく変わるので、一概に「この土地で作られたコーヒーはこんな味になる」とは言えません。

生産者や加工業者の技術によって、様々な味わいのスペシャルティコーヒーを生み出すことが可能となるのです。このように、香味品質を自分たちで工夫できるようになったこともスペシャルティコーヒーが普及した要因です。

コーヒーのサプライチェーンをつなぐ人たちの存在

世界中を回って届けられるコーヒー

いつも飲んでいるコーヒーは、どのような経路を辿って皆さんの手元に届けられているのでしょうか。

コーヒーに関わっているプレイヤーは大きく分けると、「生産者」―「集荷業者」―「加工業者」―「輸出会社」―「輸入会社」―「倉庫業者」―「焙煎業者」―「カフェ・バリスタ」という流れになります。そして、この一連の流れを「サプライチェーン」と言います。

実際に、インドネシアの農園で育てられたコーヒーが日本のカフェに届くまでの過程を例に挙げると次のようになります。

インドネシアのスマトラ島にあるポルン村というところの小規模「生産者」が、自分たちの農園にあるコーヒーチェリーの収穫を行います。

いくつかの農園で収穫されたコーヒーチェリーを「集荷業者」が買い集め、近くの提携「加工業者」であるアルフィナーさんのところへ持っていきます。彼がそのコーヒーを買い取り、直接その場で現金を支払います。

加工はアルフィナーさんとそこで働く家族、アルバイトの従業員で精選処理を行い、乾燥まで仕上がったコーヒーをCoffee Beyond Bordersという「輸出会社」へ送ります。

この輸出会社は首都ジャカルタに本社を置いていますが、コーヒーの輸出はそれぞれの島の輸出機能がしっかりとしている場所で行います。

ポルン村の場合、一番近くにあるメダンという港に運び、船会社を通して日本の神戸港行きの船便を予約し、最終段階まで仕上げて船積みをします。

コーヒーを積んだ船は、おおよそシンガポールを経由することが多く、そこでコンテナを積み替えて日本の神戸港へ向かいます。

神戸港に到着すると、「輸入会社」である「海ノ向こうコーヒー」のスタッフが通関業者にお願いをして、税関で輸入の手続きを行います。その後無事に通関が済むと、「倉庫業者」の倉庫にコーヒー生豆を庫入れします。

輸入会社は、「焙煎業者」から生豆の注文を受けると、倉庫業者や運送業者を経由してお店や工場まで生豆を運びます。

注文したコーヒーを受け取った「焙煎業者」はそれを焙煎して店頭に並べて、焼き豆で販売したり、取引先の「カフェ」へと卸したりします。

そして「カフェ」ではバリスタが一杯のコーヒーを抽出して販売し、皆さんの手元に届けられるのです。

本章では、植物学的に見たコーヒーの性質や産地での加工方法、消費国までの流通などの基礎知識について概観してきました。次章でお話しする、生産国ごとのコーヒーの特徴と政治経済の関係を理解する際、これらの基礎知識を踏まえておくことで、一見すると膨大でまとまりがないような様々な情報を、ひとつながりに見通すことができます。

サプライチェーンをつなぐプレイヤーたち

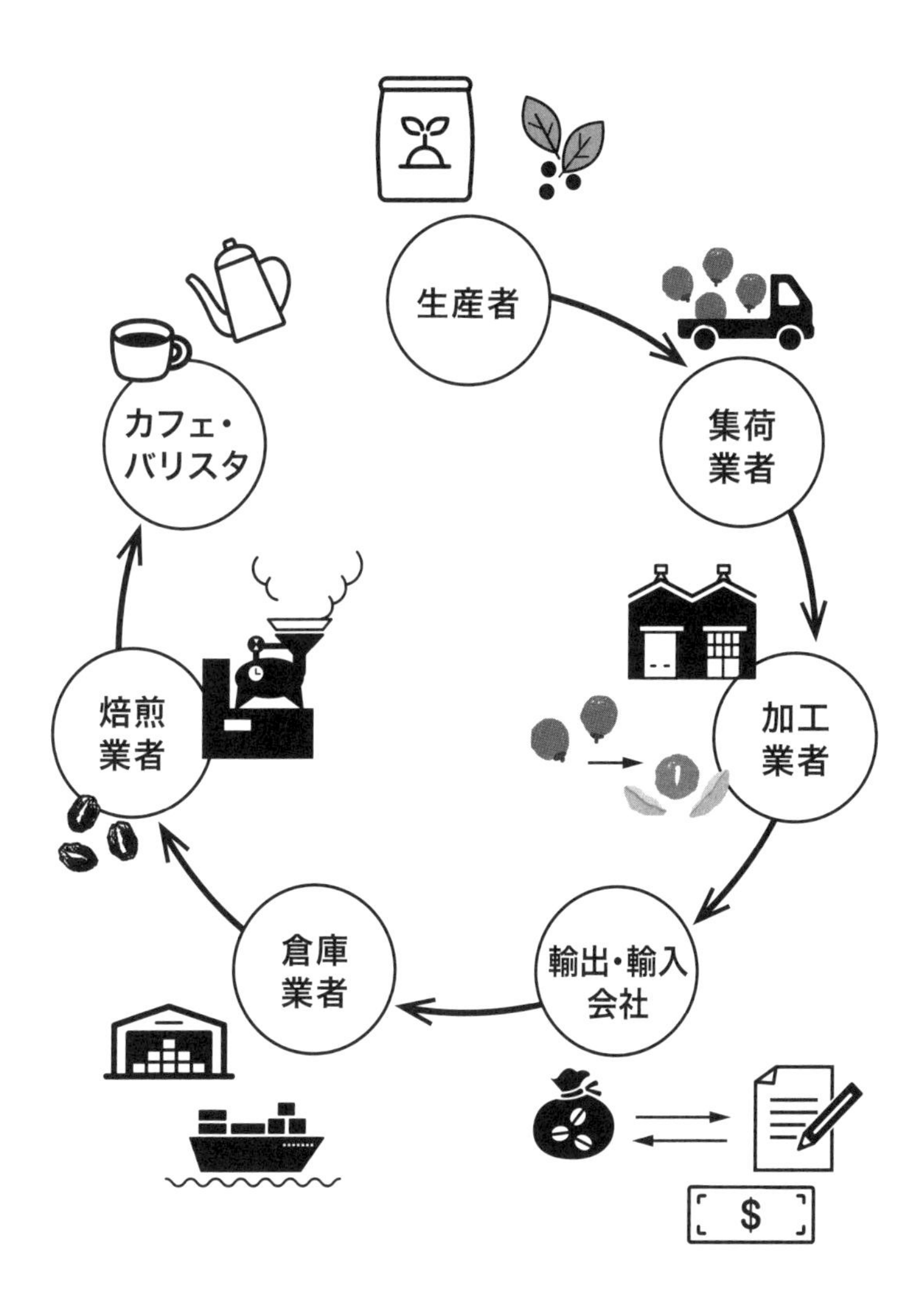

政治経済の混乱に負けず、流通を支えるプレイヤーたち

2020年の初めに新型コロナウイルスが発生したというニュースが流れてから数ヵ月後に私は現在の会社に入社しました。日本でも自粛ムードの中で飲食業や観光業など一部の業界が打撃を受けていたように、生産国内でも労働者の移動が制限され、コーヒー農園経営は人手不足に陥り大変難しい状況でした。

また、物流においても問題が発生しました。多くの生産国において、コーヒー生豆はコンテナ船に詰められて消費国へと輸送されるのですが、空きコンテナを確保するのに難儀していました。

通常、コンテナ船は各国の港で貨物を降ろし、空き状態になったコンテナに新たに貨物を入れて別の国へと出港するというように、貨物を積み替えながら世界中を回っています。コロナ禍ではアメリカや中国などの貿易大国の輸出量が減り、それらの国の港には輸入品を運んできたコンテナが山積みになっていました。反対にコーヒー生産国には輸出に使うための空きコンテナが回ってこないという状況になっていたのです。

しかし、生産国と消費国双方のプレイヤーたちの間でうまく調整をしながらコーヒーを輸出会社まで運ぶことができ、なんとか消費国まで届けられていました。

一時は、日本にコーヒーが入ってこないのではないかと噂されるほどに産地からの輸出が懸念されていましたが、実際には多少の遅れはあったものの輸出会社やコーヒー商社の努力によって、安定的に輸入することができたのです。

政治経済の混乱に巻き込まれながら、それでもコーヒーは世界を回っていたということです。それを可能にしていた、輸出に携わる全てのコーヒーサプライチェーンのプレイヤーの努力があったことを忘れてはいけません。

そして、そのコーヒー流通のおかげで、この時期のコーヒー業界はとても活気づいていました。特に「自家焙煎」とか「マイクロロースター」と呼ばれる業態で営業しているお店は、コロナ禍で営業がしにくい状況の中、様々な取り組みを始めました。

ひとつはインターネット販売です。それまで、ネットでコーヒーを購入する人は大手ＥＣサイトで購入することが多かったのですが、この時期から街中の自家焙煎のお店のコーヒーが、「店を開けられないのだったらネットで販売するぞ！」と自社ＨＰサイトの開発に取り組んだり、ネットに出展する商品ラインナップを増やしたりしました。

COLUMN

その結果、「在宅が増えた分、自分の家で飲めるようにしたい。自分の家で飲むのなら、少し良いコーヒーを」といった一般消費者の動機にマッチして、大きく売り上げを伸ばしたようです。

もうひとつはサブスクリプション（サブスク）の普及です。コロナ前にもサブスクでのコーヒー販売はありましたが、コロナ禍を機にその需要が一気に高まりました。サブスクのコーヒー販売を中心に行っていたコーヒー会社などは、この時期に大きく業績を伸ばしており、今もその人気は続いています。この人気はコーヒーだけの話ではなく、他の商材でも同じように需要が高まっています。例えば、私の会社ではコーヒーのほかに、環境負荷の少ない野菜のサブスクを行っていますが、この時期の出荷量が前年の3倍ぐらいまで増加し業績を一気に伸ばしています。ライフスタイルが一変するような状況の中でも、お店の創意工夫で売上をぐんぐん伸ばしている会社が、この時期のコーヒー関連会社にはたくさんあったのです。

ちなみに、もうひとつ挙げるとすると、自家焙煎を開業する方が増えた印象です。正確なデータはありませんが、コロナ禍において政府や行政の助成金を利用して、焙煎機を購入し、新たに自家焙煎店を開くという動きがありました。実際に国内の焙煎機メーカーは売上を通常の2倍以上伸ばしているところもあったようです。家でコーヒーを飲むというトレンドの発生と、ネットで購入する人の増加により、実店舗を持たずにオンラインのみで販売する業態も見られるようになりました。

第3章

産地ごとの味わいに学ぶ、
コーヒーと政治経済の関係

生産地ごとの味わいの特徴と、それを生み出す背景について、4ヵ国の政治や経済、文化を軸に説明していきます。

※生産国情報は2023／24年度

中米・カリブ海編

コスタリカ

主な精選処理
ハニー・プロセス、ウォッシュド・プロセス
生産量　118万袋
栽培面積　9・4万ヘクタール
主要輸出品
医療機器、バナナ、パイナップルなど
コーヒー輸出額
3・5億米ドル（総輸出額の2％）

南米編

ブラジル

主な精選処理　ナチュラル・プロセス
生産量　6640万袋
栽培面積　251万ヘクタール
主要輸出品　大豆、原油など
コーヒー輸出額
89億米ドル（総輸出額の2・6％）

アジア編

インドネシア

主な精選処理　スマトラ式
生産量　1000万袋
栽培面積　120万ヘクタール
主要輸出品　石炭、パーム油など
コーヒー輸出額
9・3億米ドル（総輸出額の0・35％）

アフリカ編

エチオピア

主な精選処理　ナチュラル・プロセス
生産量　835万袋
栽培面積　60万ヘクタール
主要輸出品　コーヒー、金など
コーヒー輸出額
14億3000万米ドル（総輸出額の35％）

南米、中米、アフリカ、アジア——コーヒーの産地は世界各地に広がっています。けれど、それぞれの生産国がどんな事情を抱えているのかを、私たちはどれだけ知っているでしょうか？　日本から遠く離れた国々のニュースは、どこか他人事のように感じてしまうかもしれません。

しかし、コーヒーというレンズを通して見れば、それらの出来事がぐっと身近になります。気候の変化が、政治経済の動きが、人々の暮らしが、あなたの一杯とつながっている——そう気づいたとき、世界の見え方が変わるはずです。

本章では各地域につき一国に焦点を当て、それぞれのリアルな事情を深掘りします。

南米編

ブラジル

・世界最大のコーヒー生産国かつ
世界最大の日系社会
・大規模農業と安定した味わいの関係
・生産国のリーダーとしての地球温暖化対策

ナッツ系の香ばしさと安定した飲みやすさのブラジル

大規模農業が生み出す味わい

農業先進国ブラジルで栽培されるコーヒーは、世界のコーヒー総生産量の約30%を占めています。この国では昔からナチュラル・プロセスでの加工が行われてきました。その理由は意外と経済的なもので、コーヒー農園がある土地には豊富な水源が少ないからです。

収穫された膨大な量のコーヒーチェリーを効率的に加工しようということで、水の使用量が少ない精選処理が行われるようになりました。ほのかに果実味を感じ、後味にアーモンドのような香ばしさを感じる味わいが特徴です。

その独特の香味は世界中で愛されており、ブレンドでもストレートコーヒーとしても、お店でもよく見かけるコーヒーです。

ブラジルのコーヒー産地

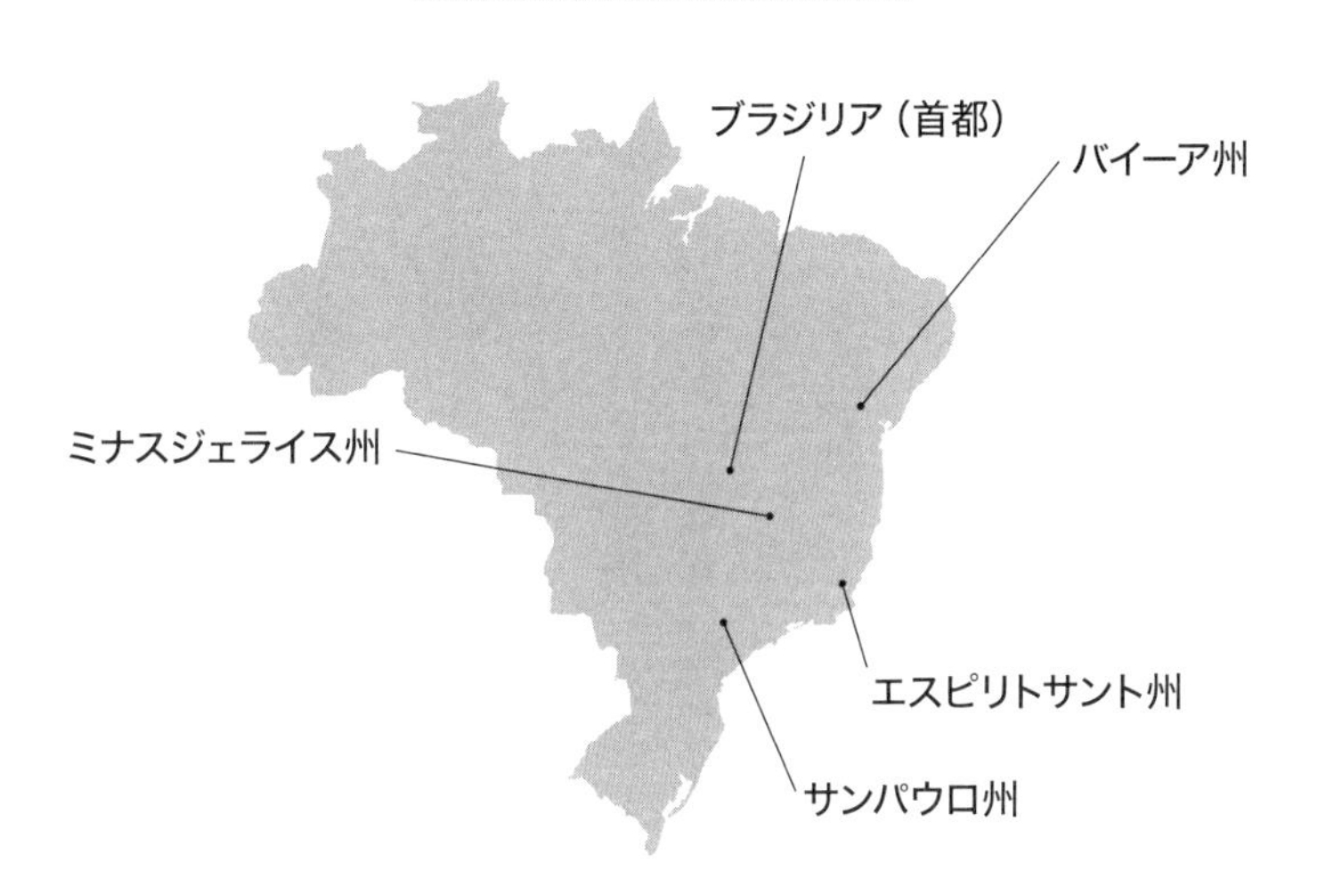

ブラジルのコーヒー産業は他国とは比較にならないほど大きな規模になっています。コーヒー栽培面積は一国で約２５０万ヘクタール、生産者一人当たりで見ると20ヘクタール以上です。

他の多くの生産国では、小農家さんが10ヘクタール未満の土地で栽培を行うため、一人当たりの栽培面積は０・５〜２ヘクタールです。これらと比べるとブラジルの農園がどれほど大きなものかが分かります。

大農園では、コーヒーの収穫作業に人の手を使いません。「ハーベスター」と呼ばれる洗車機のような形をした大型の機械がコーヒー農園を縦横無尽に走り、大量の実を一挙に摘み取ります。

収穫されたコーヒーチェリーは大型の加工

場で一気に選別され、ナチュラル・プロセスのための乾燥場に広げられます。ドライヤーを使用して短時間で乾燥工程を済ませることもあります。

ブラジルならではのナッツ系の香味を生み出す要因のひとつは、コーヒーが栽培されている標高に関係があります。

中米やアフリカのコーヒー産地では、標高が1000mを超える農園が多く、高いところは2000mを超えます。一方、ブラジルはと言うと、多くのコーヒーは標高1000m以下の600～800mの間で栽培されています。

アラビカ種コーヒーは標高が高くなるほど、鮮やかな酸味を有するようになり、逆に標高の低い土地で育てられると酸味はソフトになり、ナッツ系の香味を感じやすくなります。

ブラジルのコーヒーのナッツ系の香味は栽培環境と生産体制に適した加工方法によって生み出されているのです。

なぜ世界一の生産国となったのか?

世界のコーヒー生産量の30%を占めるブラジルにコーヒーが持ち込まれたのは、1727年のことだと言われています。

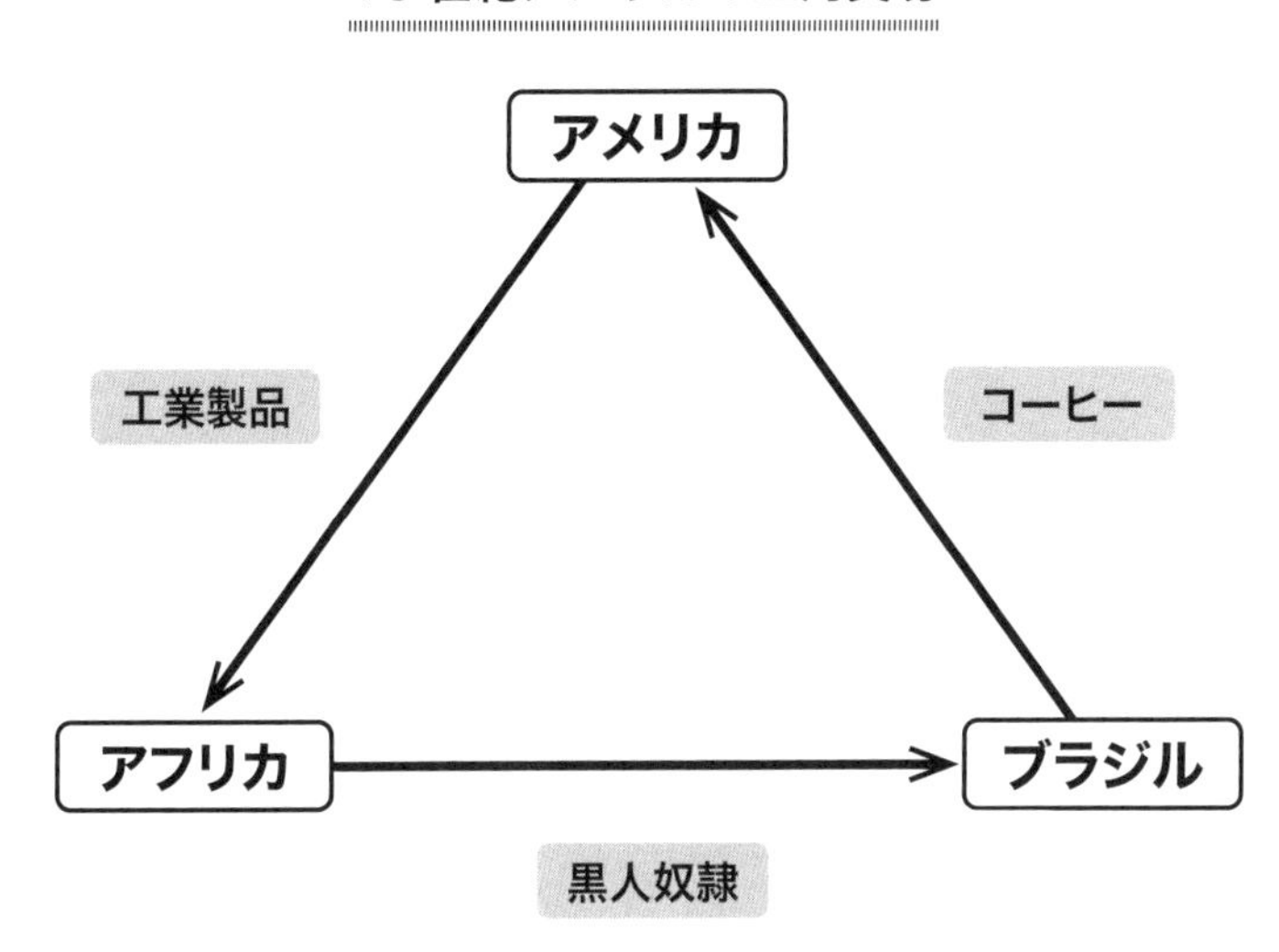

当時のブラジルの主要産業は砂糖栽培でしたが、１８００年以降、徐々にブラジルのコーヒーの需要が高まっていき、特にブラジル南部でコーヒー栽培が盛んになっていきます。

ブラジルのコーヒー産業では大勢の奴隷が使われました。アメリカが国内の奴隷輸入を１８０８年に禁じて以来、代わりにブラジルで奴隷売買を始めたからです。

アメリカは、自国の工業製品をアフリカに持ち込み、それと交換で奴隷を手に入れて南米まで運び、アフリカで得た奴隷とブラジルのコーヒー豆を交換してアメリカに持ち帰るという三角貿易を行っていたのです。

奴隷の流入とともにコーヒー産業が盛り

上がったブラジルでは、コーヒーは外貨を稼ぐための主要商品とみなされ、国策として栽培面積の拡大がなされました。

1888年の「黄金法」で奴隷制度が廃止されて以降は、ヨーロッパからの移民を雇い入れて生産拡大路線をひた走りました。1903年頃には、ヨーロッパからの移民の数は200万以上にも上っていたと言われています。

移民の受け入れや政府の支援によって生産量は増え続け、1890年に550万袋（一袋=60kg）だった生産量は、1906年には2020万袋まで増加し、世界生産量の85%を占めるまでに至りました。

1929年の世界恐慌が起こるまで、コーヒーはブラジルの輸出主力商品として機能し続けました。1930年以降は、ブラジルの工業化や他国のコーヒー栽培拡充により生産量シェアは減っていくものの、最初にお伝えしたように、全世界の生産量の約3割を占めるコーヒー生産大国の地位はいまだに揺らぎません。

ブラジルの主なコーヒー生産地は首都のあるサンパウロ州やミナスジェライス州（南ミナスやセラード）で、それ以外にもエスピリトサント州、バイーア州などで栽培されています。

生産量の7割がアラビカ種、3割がロブスタ種で構成される巨大なコーヒー産業を国策として支えているのがブラジルです。

日系人とコーヒー

在ブラジル日系人が運営する農園のコーヒーが、日本のコーヒー屋さんに並んでいることがあります。実は、日本人とブラジルコーヒーは深いつながりがあるのです。

奴隷制度廃止から移民の受け入れへと転換したブラジル政府は、ヨーロッパだけでなく、日本からの移民の受け入れも始めました。

１９０８年に７８１人の日本人が「笠戸丸」という船で、日本の反対側にあるブラジルを目指したのが始まりだったようです。その後、農業従事者として毎年一万人を超える移住者が日本からやって来ることになります。

さて、彼らが始めた農業は何かと言うと、当時すでに大きく広がっていたコーヒー農園でした。

第二次世界大戦の終戦後にブラジルへ渡った方の日記に、こんな記述があります。

二月二十一日　日曜日　晴
気温三十度、午前十時、学校にてフエルナンド所長及びエリオ、マッカリオの両技師を囲んでの懇談会あり。先ず所長よりの発言にて、リオの日本大使館に行ったら二十三家族の勤労振りに大使も大満足であり、今後ともしっかり働いてもらいたいとのことであった。山伐り賃は直ちに支払うから受給資格者は受取りにきてもらいたい。ジャイバー（ミナスジェライス州の農産地区…引用者注）から脱出の三家族は土地移民局及び大使館からも逮捕命令が発せられた。何れも無断で斯かる行動に出た者である。組合の法人化は目下手続き中につき、出来上れば植民地の売店は直ちに開店する。それまではウナの部落で購入してもらいたい。明日買い出しのためのトラックを出す。組合が出来てもすぐ融資はできない。ゴムとコーヒーは四月に苗を各戸六百本宛植え付ける予定である。野菜の種は用意してあるから受取りに来てもらいたい。なほ要望事項があれば承りたい。

樺山滋人『移民日記』より

ゴムやコーヒーの苗木を植え付ける予定と書かれている通り、渡航した人は開墾を行い、これらの苗木を作付けしました。現地政府との折衝や地元住民とのままならないコミュニケーションの中、苦労している様子が生々と書かれています。
また、コーヒー以外にも様々な生業を営みながら、一度も日本に帰ることなくその生涯をブラジルで過ごした日本人もたくさんいました。
右の日記を残した方から約20年後にブラジルへ渡航した方の日記を見てみましょう。

１月４日
今年は始めるぞ農業を！
十年前に俺は農業を棄てた。今年は再度挑戦しようと思うが、いろいろと問題が多い。まず専業農家などになれはしない。かつて少々試みた経験からすると、当地では野菜の栽培は手間がかかりすぎて兼業では不可能だ。コーヒーの栽培は植えてしまえばそんなに手間はかからない。しかし木を植えるのだから、大きくなるまで三、四年間の生活費が必要だ。また種を蒔く床作りなど、最初は面倒だ。それをここから一八キロも離れたコーヒーの適地で行わなければならない。その上、もう今年は植え付け時期を過ぎているのだ。このまま行くと乾季に植え付けることになる。これも非常にまずい。

與島瑗得『遙かなるブラジル――昭和移民日記抄』より

1970年前半までには24万人を超える日本人がブラジルに移住したと言われており、その子孫は今では190万人以上いるそうです。

先物相場＝ブラジルの国情

生産量が世界の約30％を占めるため、ブラジルのコーヒー生産量が大きく落ち込むと、国際コーヒー相場に大きな影響を与えます。

1975年に起こったブラジルの霜害では、前年の3000万袋から、3分の1以下の800万袋にまで落ち込み、その影響でコーヒー相場が2倍以上に上昇しました。

最近では第1章で見たように、2021年の霜害によるコーヒー大減産で、コーヒー相場が一年間で3倍近くまで高騰しました。

それによって、ブラジル以外の生産国のコーヒー生豆価格も大きく上昇し、日本では街のコーヒー屋さんやスーパーで販売されているコーヒーの値上げへと影響を及ぼしました。

ブラジルは生産国でありながらコーヒーの消費量も大きく、2019／20年度における国内消費は2353万袋（焙煎及び挽豆が　2235万袋、インスタントコーヒーが

2023年の各国コーヒー生産量（1袋=60kg）

ブラジル	6630万袋
ベトナム	2750万袋
コロンビア	1280万袋
インドネシア	820万袋
エチオピア	860万袋
ホンジュラス	500万袋
インド	610万袋
ウガンダ	640万袋
ペルー	400万袋
メキシコ	390万袋
その他	1940万袋
合計	16820万袋

参照：アメリカ合衆国農務省ホームページ

118万袋）と推計されています。これは、国内の総生産量5930万袋の約40％に当たります。

生産国でありながらコーヒー消費が多くなってきているブラジルでは、国内の消費動向も、世界のコーヒー相場に影響を与える要因になっていると言えます。

生産国のリーダーとしての環境問題対策

第１章でご紹介した「コーヒーの2050年問題」ですが、ブラジルでは気候変動の影響を受け、コーヒー生産に適した土地が2050年までに18％、2070年までに27％減少する見込みです。

その対策として、農園では、カーボンニュートラルに貢献する農業方法を実践しており、使用する化学肥料の量を減らし、有機堆肥を使用するなどの取り組みが始まっています。その方法によって生産されたコーヒーを、脱炭素検証済みコーヒーとして販売しています。少し詳しく見ていきましょう。

大農園を経営すると二酸化炭素などの温室効果ガスがたくさん排出されます。その大半が合成窒素肥料によるものです。

合成肥料とは、鉱石などの資源を化学合成や化学処理して製造された肥料のことです。この合成窒素肥料は、アンモニアを主原料として製造されることが多く、製造や使用の際に温室効果ガスを排出しています。肥料として使用した量の半分程度は植物に吸収され、大きな収穫量を得ることができています。

一方、吸収されなかったもう半分はどうなるかと言うと、窒素ガスとして大気に戻る以外は、温室効果ガスになったり河川に流れたりします。肥料の成分である窒素やリンは、増えすぎると逆に環境に悪い影響を与える原因になってしまいます。

この問題に対しては、施肥（せひ）の仕方やタイミングを変更することで対処しています。施肥効果が上がると、植物が肥料を吸収しやすくなるため使用量を抑えられ、結果として二酸化炭素の排出量も削減できます。

また、土壌や植物それ自体が炭素を保有しているので、そのまま燃やすと二酸化炭素として大気中に排出されてしまいます。そこで、剪定などで出た枝や葉っぱを炭にしてから土壌に戻すという方法をとることで、農園の土壌の中に炭素を再び貯蓄しています。

そうして結果的に、温室効果ガスの排出は実質１００％オフセット（相殺）ができます。

コーヒーを生産するだけでなく、世界をリードする生産国だからこその新しい農業方法の提案と実践によって、環境問題への取り組みを行っているのがブラジルという国です。

コーヒー農園と収穫風景

コスタリカ

中米・カリブ海編

・アメリカとの緊密な関係を持つ非武装中立国
・新しい精選処理と味わいの実験場
・スペシャルティコーヒーとマイクロミルの共栄

産地ごとの多様な酸味のコスタリカ

多様な酸味を生み出す栽培環境

中米のコーヒーの酸味はハッキリとした果実味を感じられるのに対して、カリブ海系のコーヒーは酸味が柔らかくスッキリしていると評価されます。

中米のコーヒーの酸味は、オレンジ系、アップル系、完熟フルーツ系など、豆ごとにバリエーションに富んだ広がりを見せてくれます。そのため、スペシャルティコーヒー店では中米のコーヒーが欠かせない商品となっており、特にグアテマラとコスタリカのコーヒーは人気の産地となっています。

これらの味わいを生み出す背景としては、中米には標高1500mを超えるコーヒー栽培地が多いことや、多様な精選処理の方法が試みられていることなどが挙げられます。

コスタリカのコーヒー産地

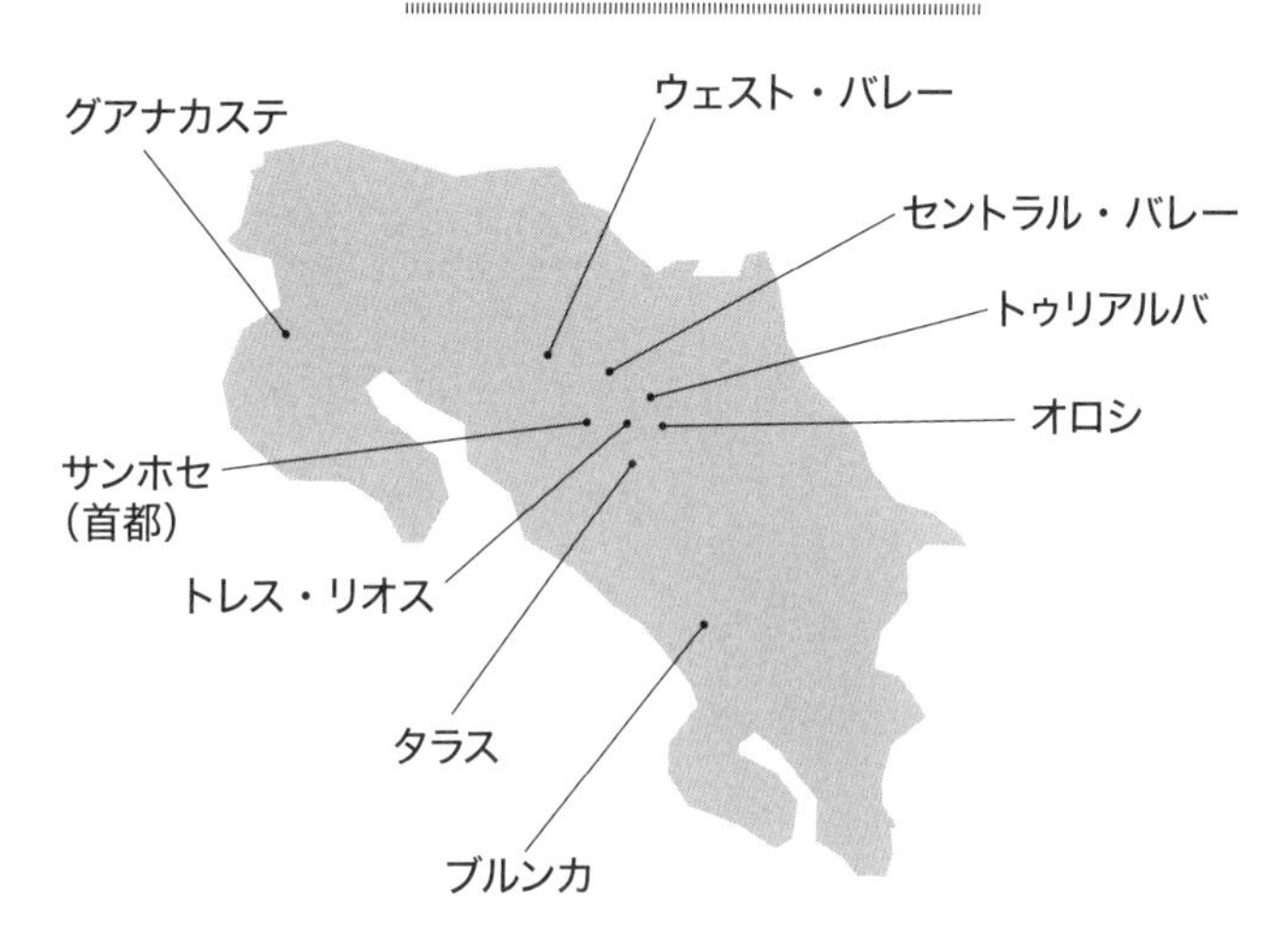

一方で、カリブ海系のコーヒー農園は標高1000m前後と比較的低く、島国特有の海洋性気候によって、気温の寒暖差が小さくなります。

コーヒーの酸味は、寒暖差が大きいほどハッキリとした輪郭を持つようになるとされています。カリブ海系のコーヒーの特徴である柔らかな酸味は、その栽培環境に由来していると言えるでしょう。

ウォッシュド・プロセス発祥の地？

中米のコーヒーは、それぞれの国ごと産地ごとの特徴を反映したバリエーションのある酸味を楽しめるため、世界中から人気があります。

基本的には中米の生産地は山岳地帯にあり水資源が豊かなところが多いため、多くの農園ではウォッシュド・プロセスでコーヒーチェリーを加工します。

ちなみにこのウォッシュド・プロセスの始まりは、ヨーロッパ各国による植民地化の歴史と関係しています。

１７００年代、カリブ海の島々はスペインによって植民地化され、そこでコーヒー栽培が始められました。

最初に「ウォッシュド・プロセス」についての記述があるのは１７９８年に出版された『The Coffee Planter of Saint Domingo』という本です。その中に、カリブ海の島々のひとつであるサン・ドマング（現在のハイチ）においてウォッシュド・プロセスが行われていたという記録があります。

精選処理の技術大国コスタリカ

また、中米は様々な精選処理の実験場となっている地域でもあり、特にコスタリカでは新しい精選処理方法が次々と確立されています。

収穫した実をマイクロミルへ運ぶ

例えば、ハニー・プロセスは水を使わないことや乾燥をより早くすることで、コーヒー生産の効率化を図るという目的でブラジルの大学研究所が開発した精選処理方法ですが、これが2000年代初期にコスタリカに導入されると、コーヒーの味わい作りのために様々な改良が重ねられました。

ハニー・プロセスには、通常の水洗式で行われる「発酵」の工程がありません。そのため、ウォッシュド・プロセスに特徴的な「ハッキリとした酸味」が抑えられて、コーヒーにしっかりとしたボディ感（153ページ参照）が出てきます。

そのため、例えばウォッシュド・プロセスで加工したコーヒーの味見をした時、「コーヒーのボディ感が弱い」と物足りなさを感じた場合には、ハニー・プロセスに切り替えてみることでボディ感を強めるができるようになりました。

また、発酵方法にも変化をつけており、「アナエロビック発酵」(Anaerobic Fermentation) と呼ばれる方法で、コーヒーの味づくりを行う生産者も多いです。

これは、通常のウォッシュド・プロセスでは果肉除去したコーヒーを発酵槽と呼ばれる浴槽のような容器に入れて発酵させることが多いのですが、アナエロビック発酵ではステンレスのタンクの中にコーヒーを入れて密閉した状態、いわゆる無酸素状態を作り出して発酵を行います。

するとワインやお酒のように芳醇な香りをコーヒーにつけることができ、特徴あるコーヒーに仕上がります。この発酵方法は果肉除去前のコーヒーチェリーの状態でも試されており、無酸素状態でコーヒーチェリーを発酵させ、よりフルーティでワインのような強い香りをコーヒーにつけることができます。

このように、広いニーズに対応したコーヒーの味わいを生み出すために、様々な加工方法がここ20年で開発されはじめ、そのムーブメントは他の生産国にも伝播し、産地の環境

マイクロミルと従来の加工場の違い

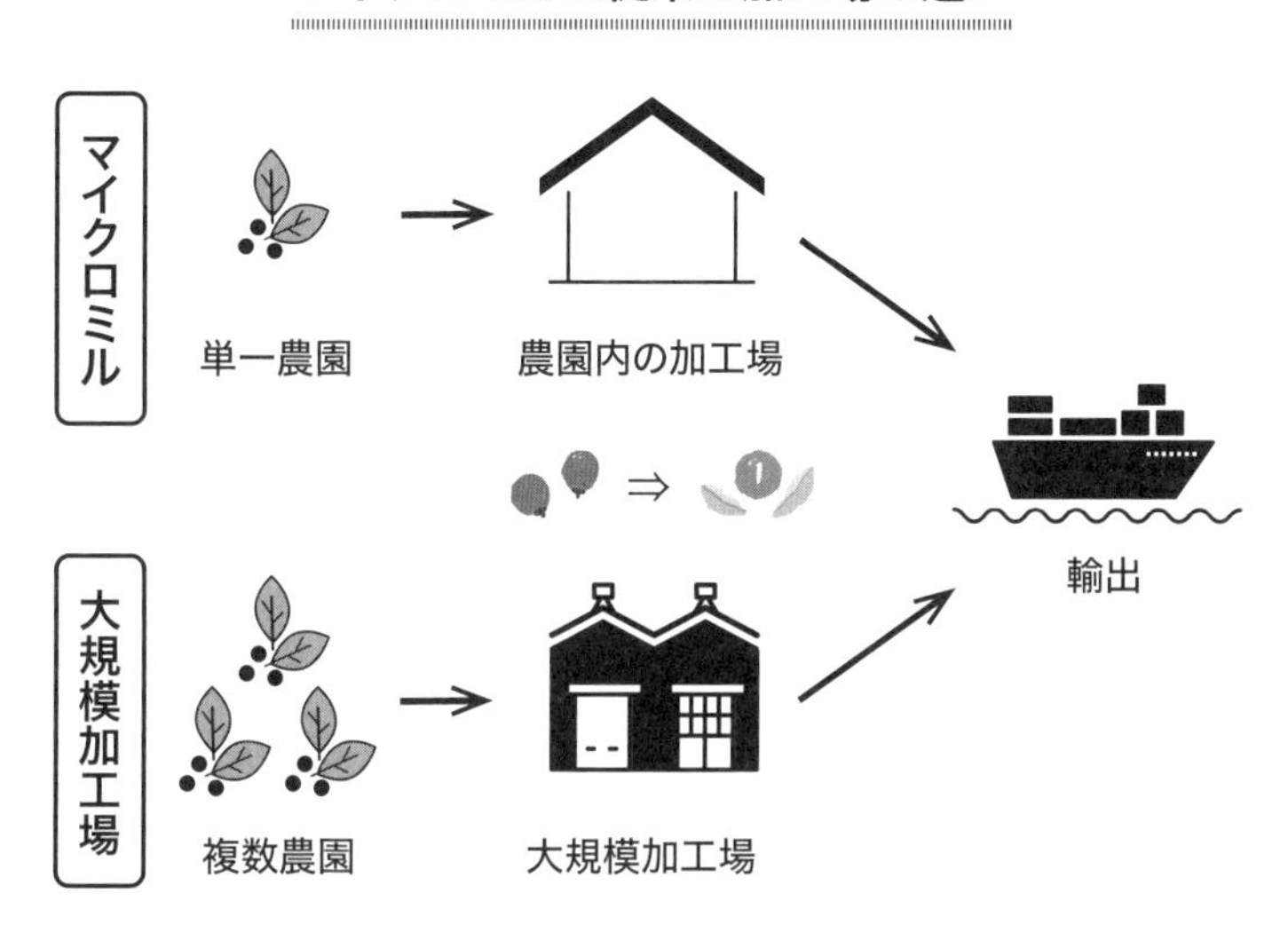

に合わせて磨き上げられています。

コスタリカのマイクロミル

コスタリカにコーヒーが導入されたのはスペインが入植した頃、18世紀になってからですが、実際にコーヒーの輸出が始まったのは１８３０年代と言われています。

コーヒーは外貨獲得のための主要産品となり、山奥のコーヒー産地と港をつなぐため、国全土にわたる大規模なインフラが整備されていきました。

コスタリカで有名な産地は、セントラル・バレー、トレス・リオス、トゥリアルバ、ブルンカ、グアナカステ、タラス、オロシ、ウェスト・バレーの８つです。生産量は、セントラル・バレー、ウェスト・バレー、タラスが多く、全体の半分以上を占めています。

その中でも、タラスのコーヒーはオレンジのような酸味とハチミツのような甘みがあり、トロッとした口当たりが特徴で、数多くのスペシャルティコーヒーを作り出しています。また、精選処理の技術が大きく進歩しているコスタリカでは、マイクロミルというものがあり、加工する作り手によっても香味が違ってきます。コスタリカは小農家が多く、それぞれが自分の家で水洗式の加工を行い、乾燥した状態で仲買人や加工場に販売を行っていた歴史があります。

そんな中、自分たちでコーヒーチェリーを集荷し、小・中規模レベルで加工を行うマイクロミルと呼ばれる加工施設が２０００年以降徐々に誕生してきました。

ここでは大規模な加工場と比べ生産できるコーヒーの量は少ないのですが、手間をかけ高い品質のコーヒーを作り出すことができるようになりました。そして、スペシャルティコーヒーの市場拡大とともにマイクロミルで加工される品質の高い、小規模ロットのコーヒーが人気を博しました。

このように、作り手による多様性が存分に味わえるのがコスタリカのコーヒーの魅力です。

大量生産へのアンチテーゼ

マイクロミルで作られたコーヒーは「マイクロロット」として、その高い品質から多くのニーズが集まります。今ではコーヒー産地として「コスタリカ」を求めるというより、好みのマイクロミルを指定してコーヒーを求める焙煎業者が多くなりました。

「大量生産」「均一な品質」というコーヒーに対する認識は、「小ロット」「高品質」「特徴ある香味」というニーズに変化しています。

コスタリカが作り出す香味は、このマイクロミルによって、幅広い香味の特徴を持つコーヒー産地として認識されるようになりました。

このムーブメントは、中米各国に広がっただけでなく、アジア圏でも採用されており、特にタイやインドネシアでもマイクロミルが多数できています。他のコーヒー生産国でも同じような動きになってきているのはとても興味深いものです。

消費国（アメリカ）との関係

中米のコーヒーのメインの輸入国はアメリカです。地理的に近いこともあり、中米各国はコーヒーだけでなく、他の作物においてもアメリカ経済に大きく依存しています。

特にコスタリカは政治的にもアメリカと緊密な関係を持っており、周辺国のメキシコ、グアテマラ、ニカラグア、エルサルバドル、パナマ、ベリーズ、ホンジュラスを取りまとめる役割を果たし、民主主義の中立国という立場を維持しています。国内政治だけでなく、近隣諸国との国際関係においてもバランスよく立ち回っている国です。

これには、第二次世界大戦以来の世界動向が影響しています。それまでイギリスやドイツといった欧州を輸出国として捉えてきたコスタリカですが、大戦の勃発により、輸出が困難となり、アメリカがその代わりを果たすようになりました。1941年から1945年の間に、アメリカ国内で中米のコーヒーへの評価が高まり、価格は倍にまで上昇しました。

冷戦期には、コスタリカは反共産主義の立場をとります。

当時、アメリカは中米諸国の間で共産主義勢力が拡大するのを懸念していました。そんな中で、コスタリカはアメリカの同盟国として、経済的支援の恩恵と政治的な介入を受けながら不安定な国際情勢を乗り切ってきました。

気候変動で生産量が激減

気候変動による中米のコーヒー産業への影響はかなり深刻です。

２０５０年までに、コスタリカでは、コーヒーを栽培できる土地が40％減少すると言われています。現在のコーヒー栽培適地と言われている土地の標高は約１２００ｍですが、それが１６００ｍまで上昇すると予想されるため、低地ではアラビカ種からロブスタ種への転換も選択肢として考えられています。

ほかの生産国を見ても、高級銘柄として知られるグアテマラでは60％近く、ホンジュラスでは45％、メキシコでは30～50％、エルサルバドルでは35％、ニカラグアでは25～80％、それぞれコーヒー栽培適地が減少するだろうと予測されています。

これらの対策は一筋縄ではいきません。温室効果ガスの排出量を大幅に削減したとしても、現在のコーヒー栽培地の約40％が失われると推定されています。

この課題への対策を各国の政府が行っていますが、そもそもの経済力の弱さがあるため、周辺国同士が連携した中で気候変動対策に取り組んでいるのが実情です。

国土の４分の１が国立自然保護区に指定されているほど、自然が豊かなコスタリカでは、その植生を維持するために様々な環境保全プロジェクトが行われています。

例えば、アメリカ合衆国国際開発局（ＵＳＡＩＤ）という公的機関が主体となったコーヒープロジェクトが実施されています。環境保全と小規模生産者の収入確保を同時に達成するために、コーヒー栽培に関する技術支援や気候変動への対策を地域コミュニティぐるみで行っています。

また、ジャガーやピューマなどの絶滅危惧種の動物を保護する活動も、コーヒー栽培を通して行っています。コーヒーは日陰を好むため、動物の棲家である森を守りながら栽培することができます。そのコーヒーの販売価格にプレミアム価格を付与することで、その利益を動物保護活動にあてています。

コスタリカは、中米各国との関係において政治的に重要な役割を果たしているだけではなく、気候変動に対する具体的な対策を推進している国でもあるのです。

エチオピア

アフリカ編

・多民族国家を支えるコーヒー産業
・華やかでユニークな香味を生み出す野生種
・経済破綻にも負けずコーヒーを届けるプレイヤー

果実味あふれる華やかな香味のエチオピア

コーヒー好きがエチオピアに恋する理由

コーヒーを好きになったきっかけとして、「エチオピアのコーヒーを飲んだこと」を挙げる人は少なくありません。そのフルーティで華やかな香味は、他の産地にはないエチオピアならではのものです。

アラビカ種のコーヒーの原産地と言われるエチオピアで昔から土地に自生していたコーヒーの野生種と呼ばれる品種は、他の産地には真似できない特徴的な香味を作り出します。

ウォッシュド・プロセスのコーヒーは、まさに「レモングラス」や「ジャスミン」のような印象を感じます。

また、ナチュラル・プロセスのコーヒーは「赤ワイン」や「レーズン」「ラズベリー」「ピー

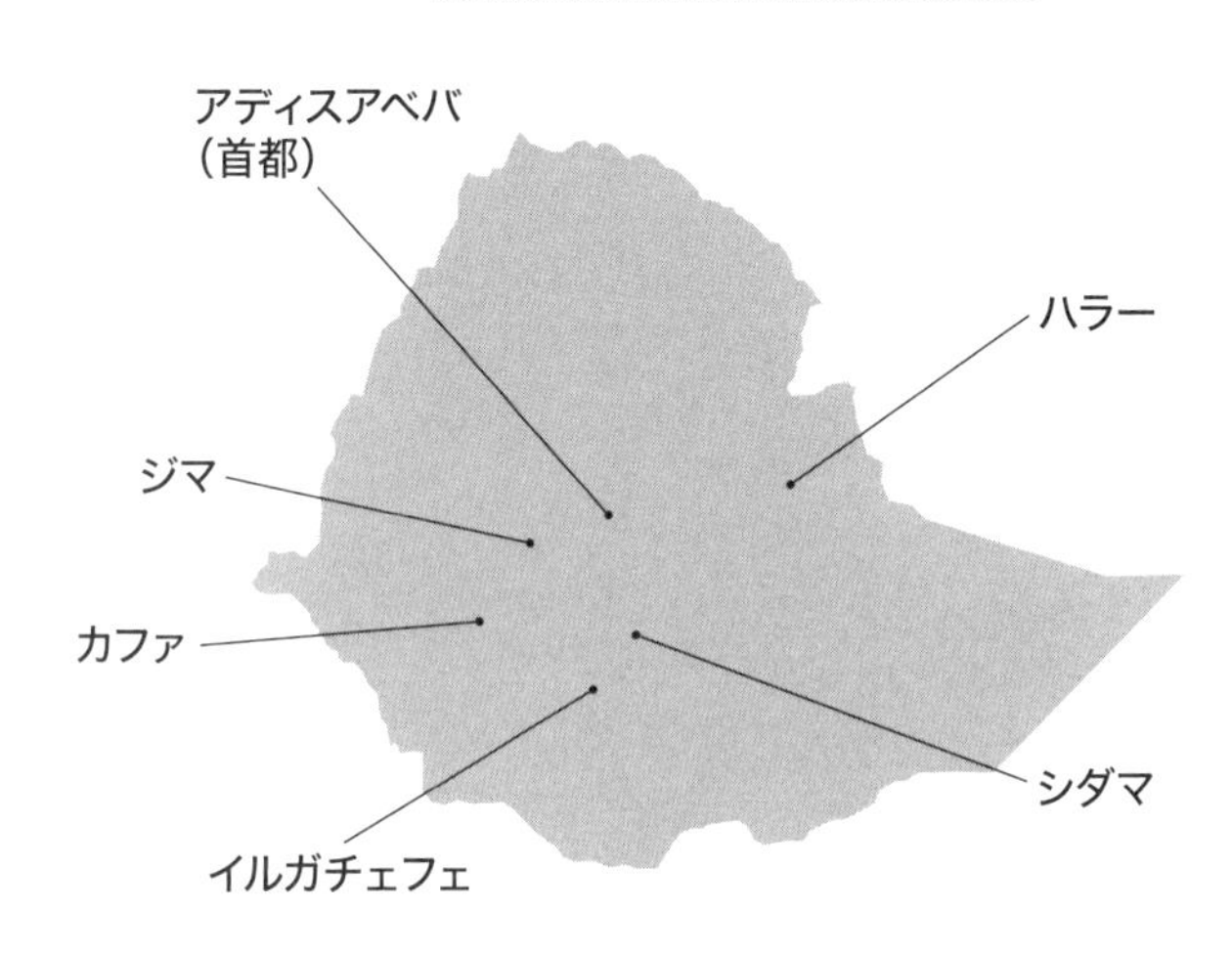

チ」といったフルーティな香味があります。

地理的条件がユニークな味わいを生み出す

エチオピアはアラビカ種のコーヒーの生育条件にとても適しています。

栽培地の標高は２０００ｍ前後と中米諸国よりも高く、グレートリフトバレーと呼ばれる肥沃な大地が南北に広がる高原地帯にコーヒー生産地が広がっています。

ほかにも、雨季乾季がハッキリ分かれていること、朝と夜との寒暖の差がしっかりしていること、十分な雨量があることなど、良質なコーヒーが育つ条件が揃っています。

多民族国家エチオピアのコーヒー産地

エチオピアのコーヒーは日本でも「モカ」の愛称で知られ、人気の高い銘柄のひとつです。生産量も50万トンと多く、2023年の世界ランキングでは第5位に入るコーヒー大国です。

エチオピアは多民族国家であり、80を超える民族がひとつの国で暮らしています。コーヒー産地は首都を中心として、東側のハラー、西側のジマやカッファ、南部のシダマやイルガチェフェなどがありますが、ジマ周辺ではオロモ族、シダマやイルガチェフェではゲデオ族というように、その土地ごとの民族がコーヒー生産を行っています。

ハラーでは、近年コーヒーのプレイヤーが少なくなって輸出量が減りましたが、スパイシーという表現がとても似合う香味が特徴です。

ジマやカッファは、コーヒー発祥の地に近い場所で、マザーツリーと呼ばれる樹齢が数百年あるようなコーヒーがそこかしこに植わっています。ここでとれるコーヒーは、ハーブのような香りが特徴的です。農家さん一人当たりのコーヒーの栽培面積がとても広く、10ヘクタール以上あります。

ナチュラルサイトでのコーヒーの天日乾燥

それと比べて、シダマやイルガチェフェのほうは、小農家が所有する土地は1ヘクタール程度です。地域によってこれだけ大きな差があるのは、それぞれの地域で生活している民族ごとに、慣習や土地所有の方法が異なるからです。

ちなみに、世界のスペシャルティコーヒー店では、このシダマやイルガチェフェのコーヒーがよく使用されています。華やかで、フローラルな香りが特徴的です。

ナチュラル・プロセスのコーヒーが多い理由

エチオピアのコーヒーの精選方法はナチュラル・プロセスが基本です。

昔はコーヒーチェリーの果肉を除去するための機械がなかったので、収穫したコーヒーをそのまま天日乾燥させるという加工法が残っています。

農家さんが自分の家の裏庭で育っているコーヒーを収穫し、コーヒーチェリーのまま加工業者に販売します。

そして加工業者は複数の農家さんから集めたコーヒーチェリーを、「ナチュラルサイト」と呼ばれる自前の乾燥台で天日干しにして、コーヒーが適切な水分値になったら大型のドライミルを所有する輸出会社へ販売するというのが一般的です。ドライミルとは、乾燥したコーヒーを脱穀・選別し、輸出するための袋詰めを行う工場です。

また、最近はウォッシュド・プロセスのコーヒーに対するニーズも高くなってきているため、多くの業者が水洗式の設備を兼ね備えた加工場を有しています。

この加工場は「ウォッシング・ステーション」と呼ばれ、大型の機械や建物を使用するため大きな資金が必要となります。これは「ナチュラルサイト」のような乾燥台を作れば誰でも加工業者になれるというものとは違い、資金を持った会社が所有しています。

しかし、この「ウォッシング・ステーション」から出る大量の排水によって環境負荷が高くなるため、政府からの新規建設許可が出にくくなっています。

コーヒーセレモニー

「コーヒーセレモニー」に始まる独自の消費文化

エチオピアには「コーヒーセレモニー」と呼ばれる、コーヒーで客人をもてなす風習があります。簡易的な椅子と七輪があり、その上に「ジャバナ」と呼ばれる陶器のポットを置いて、コーヒーを作ります。

日本のカフェでよく見るコーヒーフィルターで淹れたコーヒーとは違い、ジャバナの中にコーヒーの粉と水を入れ、ぐつぐつと煮出して作ります。

空いている席に座ると、お猪口のような口の広い器にコーヒーがすぐに注がれて提供され、それを飲みながら談笑するのが日常となっています。

都市部でも、山の中のコーヒー生産地でも、至る所にコーヒーセレモニーを模したお店があります。

また雑貨屋さんに行くと、コーヒー生豆が販売されているのを目にします。地元の人はそれを買って、自分の家でフライパンなどを使って焙煎するそうです。彼らにとってコーヒーは家で焙煎するもの、常備しておくものという意識があるようです。

そんな独自のコーヒー文化を持つエチオピアですが、スターバックスのような世界的に有名なチェーン店は全く見当たりません。これはエチオピア政府として海外のカフェ産業に参入してほしくないという考えがあるからだそうです。

不安定な国内外の事情に左右されるコーヒー産業

エチオピアのコーヒーは、政府が外貨を獲得するための主要産業となっており、国内のコーヒー産業を保護するために、他国からのコーヒー輸入が禁止されています。

エチオピアでは、国が銀行・航空会社・通信会社等を所有しています。民間の銀行もありますが資金力が弱く、コーヒー産業においても、国営系の銀行から融資を受けて、コーヒーの買い付けを行う加工業者がたくさんいます。

銀行からのコーヒー事業への融資は優遇されており、通常よりも安い利子で借りることができていたのですが、２０２３年12月にエチオピアは経済破綻を起こしてしまい、コーヒー買い付けのための融資が減額されてしまいました。

不運にも、この出来事はエチオピアのコーヒー収穫期と重なっていました。コーヒー加工業者は買い付け資金を用意できず、やむなく廃業してしまう会社も少なくありませんでした。

この経済破綻がなぜ起きてしまったのかと言うと、エチオピアは様々な国や機関からお金を借りて開発を行っていたからです。

例えば、タナ湖周辺では中国資本が大きく入っており、ダムや水力発電所の建設が進められています。また、道路の拡張工事が国全土で行われているのですが、コロナ禍や内紛等で経済が低迷し、借りてきたお金を返すことができなくなり、債務超過状態になってしまいました。

そうして、銀行の貸し渋りが起こり、廃業する業者が増えてしまったのです。

コーヒー産業は、国の方針や政策、また国際関係によって大きな影響を受けるものだということがよく分かる例です。

エチオピア政府は先にも述べたようにコーヒーに関してはなんでも首を突っ込みたがるので、「輸出価格に関しても最低価格はこの価格だからそれ以上で売ってね」、といった取り決めをする機関があります。Ethiopian Coffee and Tea Authorityという機関で、輸出のルールの取り決めや、価格、生産地が混ざらないようにコーヒーの国内輸送のルール等の取り決めを行っています。

また、エチオピアでは為替を一定補償しており、輸出会社への優遇措置をとったりしています。ちなみに、2023年度のおおよその輸出総額は8億3500万ドルなので、1000億円以上のお金が動いていることになります。

輸出機能に目を向けて見ると、2023年11月には近隣国イエメンの武装組織（145ページ）が紅海上の船舶に対する攻撃を行うという声明を出したことによって、輸出用のコンテナ確保が困難になったり、エチオピア北部で起こった紛争により輸出機能が麻痺し、一時コーヒーの輸出が困難になり、日本でもエチオピアのコーヒー在庫が逼迫（ひっぱく）する事態となりました。国内や他国との関係が安定しないとコーヒーは大きく影響を受けてしまいます。

日本では多くのコーヒー屋さんでエチオピアコーヒーを見かけると思いますが、実際に

輸出準備中のコーヒー

エチオピアという国に目を向けて見ると国内の政治経済や周辺国との関係はまだまだ安定しない状況が続いています。

安定した流通を支える輸出会社

そんな状況でも、私たちは毎年変わらずエチオピアのコーヒーを楽しむことができています。

その陰にはコーヒーを世界に輸出しているプレイヤーたちの努力があるのです。

エチオピアの輸出会社は、国内から買い付けのための資金を調達しようとすると先ほど述べたように利子が高すぎたり、借り入れができなかったりすることがあります。

そのため、先進国に本社を持つコーヒー商社は、自国の銀行で融資を受け、そのお金をエチオピアへ送ることで安定した買い付けと輸出業務を可能にしています。

そういった商社は、エチオピアの政治経済事情に振り回されずにコーヒーを安定して流通させるという面において、とても重要な役割を果たしています。

また、日本に住んでいるあるエチオピア人は小規模ながらもコーヒーの会社を立ち上げ、母国のコーヒーを日本に輸出しています。

エチオピア国内の状況を母国だからこそちゃんと理解しており、通常の外資系の会社だとリスクと思われる場所にも独自の情報網で連絡をとりコーヒーを調達しています。

不安定な局面にあっても、そこには必ずキーパーソンとなるような人々がいて、彼ら独自のネットワークを駆使しながら、物事を推し進めているのです。

インドネシア

アジア編

・世界初のプランテーションから
コーヒー消費国までの道のり
・マンデリンの味わいを可能にした伝統的な流通体制
・経済発展と若手の参入で変わるコーヒー産業

コクと苦み、スパイシーな香味のインドネシア

マンデリンで有名なインドネシアの特徴

インドネシアのコーヒーの中でも有名なのが、スマトラ式で精選されたマンデリン。この国特有の気候によって、ほかでは作り出すことができない独特の香味を生み出します。マンデリンという銘柄は古くから人気が高く、国内外問わず広く流通するインドネシアを代表するコーヒーとなっています。

インドネシアは複数の島々から成り立っている国なので、それぞれの島でコーヒーが栽培されています。主な産地は、マンデリンで有名なスマトラ島、首都ジャカルタがあるジャワ島、観光地として有名なバリ島、文化人類学者が憧れるスラウェシ島、コモドドラゴンで有名なフローレス島、紛争地帯であまり誰も行きたがらないニューギニア島の西側、西パプア。それぞれの島ごとに異なる香味特性があります。

インドネシアのコーヒー産地

インドネシアで栽培されるコーヒーの比率は、アラビカ種が20％、ロブスタ種が80％です。アラビカ種は主にはスマトラ島の中部から北部にかけて、ロブスタ種は南部で育てられています。

スマトラ式ができたのは、加工と流通の効率化のためだった

インドネシアでスマトラ式の精選処理が行われている理由として、湿度の高い気候と、小農家で構成されるコーヒー生産体制、そして加工業者の効率化などが挙げられます。

湿度の高い環境下において、コーヒーチェリーのまま天日乾燥をするナチュラ

ル・プロセスではカビや腐敗が起こりやすいため、できるだけ乾燥しやすい状態にしておくことが重要となります。

一般的な精選方法では、収穫したチェリーを果肉除去した後、発酵工程を経て、パーチメントの状態で乾燥を行います。しかし、パーチメントが完全に乾燥しきるまで待っていると日数がかかってしまうという問題がありました。

そこで、小農家さんは乾燥を1～2日だけ行い（一次乾燥）、まだ水分値が高い状態で加工業者に販売するようになります。

加工業者は、その集荷した半乾きのパーチメントコーヒーを脱穀して、生豆の状態にし、さらに乾燥させます（二次乾燥）。そうすることによって、乾燥スピードが速くなりました。

このように、乾燥を2段階に分けて行う方法をスマトラ式と呼びます。湿度が高い環境下だからこそ生まれた、独特な精選方法です。

小農家たちにとっても、この方法は理にかなっています。コーヒーを販売して生計を立てているので、早くコーヒーを売って現金化しなければいけません。

そのため、ウォッシュド・プロセスのようにパーチメントコーヒーの水分値が適切な状態になるまで待っているとお金を得るまでに時間がかかってしまいます。パーチメントコーヒーが乾ききっていない状態で販売することで、収穫から現金化までの時間を短縮で

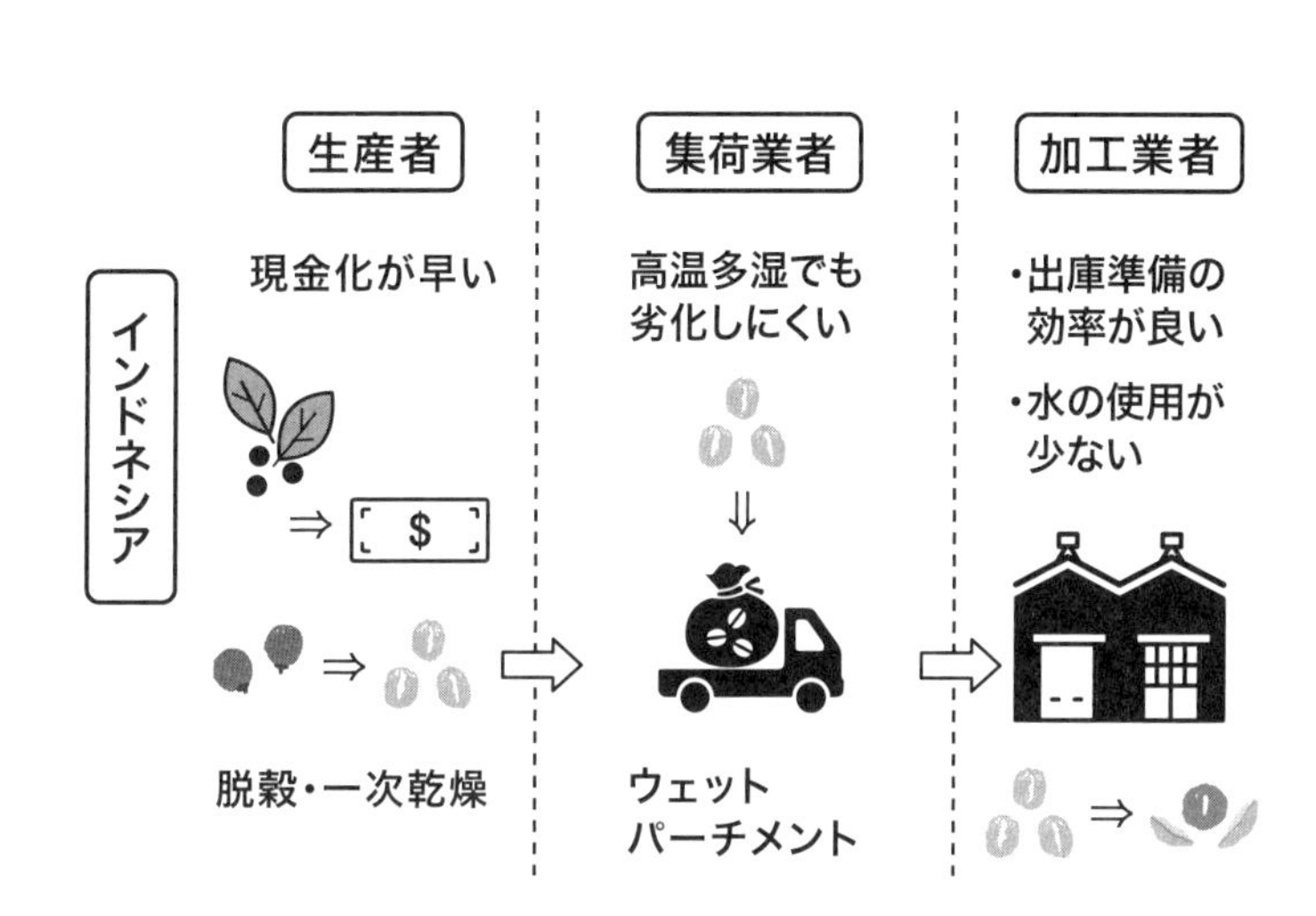

きるのです。この半乾きのパーチメントコーヒーのことを「ウェットパーチメント」と呼びます。

また、「ウェットパーチメント」で買い取る集荷業者や加工業者としても、水を大量に使用して加工する工場を構えるよりも小農家自身の手である程度まで加工を進めてくれていたほうが効率良く出荷準備ができるため好都合です。

気候や生産者、買い取り業者といったそれぞれのプレイヤーの都合がうまく噛み合った結果、スマトラ式の精選方法が生まれました。

ちなみに「マンデリン」という名称は、スマトラ島のマンデリンという場所に由来するそうです。インドネシアで最初にコーヒー栽培が始まった地域なのですが、今ではコーヒー栽培はほとんど行われていません。

植民地のコーヒー栽培はインドネシアから始まった

インドネシアにコーヒーが持ち込まれたのは、オランダの植民地だった17世紀の終わり頃。現在の首都ジャカルタがあるジャワ島でコーヒー栽培が始まりました。これが世界初のコーヒープランテーション（植民地においてコーヒーだけを栽培する大規模農園）です。1711年には405kgが輸出されたという記録が残っています。

それ以前は、世界で消費されるコーヒーのほぼ全てはイエメンで栽培されていましたが、コーヒーが出荷される港があったモカとの距離が遠かったこともあり、ヨーロッパでの大きな需要に対して供給はとても不安定でした。

インドネシアでコーヒーのプランテーションが成功したことで、宗主国のオランダだけでなく、コーヒー需要が高まっていたヨーロッパ諸国でも自国の植民地でコーヒー生産が試みられるようになりました。インドネシアのコーヒーの種はオランダの植物園に一度持ち帰られた後、中米やアフリカなど世界中へと広まっていきました。つまり、このインドネシアのコーヒー栽培が、世界中の植民地でのコーヒー産業の始まりとなったのです。

経済発展する中で、コーヒーの消費文化も変容している

インドネシアでは昔からコーヒーを飲む習慣はありましたが、最近ではさらに国内消費量が増加し、生産量の約半分は国内で消費されています。

首都ジャカルタでは、日本の自家焙煎店のような、焙煎機を店内に構えるカフェが増えてきており、インドネシア中の様々な産地のコーヒーが楽しめるだけでなく、他国の産地のコーヒーを提供するお店も増えてきています。

また２０２３年には、焙煎技術を競うWorld Coffee Roasting Championshipという大会においてインドネシア人が初めて優勝したり、２０２４年に開催されたWorld Barista Championshipにおいては、インドネシア人が勝ち取ったりと、世界から認められるバリスタやロースターを輩出するようになっています。

外貨を稼ぐための商品から、国内消費のための嗜好品へと移行してきているというのが、インドネシアのコーヒー消費動向です。

コーヒー産業の発展をリードする若手生産者たち

インドネシアの人口は2022年時点で世界第4位の約2・8億人です。平均年齢は33歳（日本は48歳）と若く、街には活気があふれています。

コーヒーの消費量が増えていく中で、コーヒーの生産現場でも凄まじい勢いで変化が起こっています。

それは、若者がコーヒー生産に従事し始めているということです。

一昔前のインドネシアでは、大手の輸出会社が近隣の加工業者からコーヒーをかき集めて輸出規格に揃え、それを各国のニーズに合わせて輸出していました。

コーヒー生産者である小農家さんは、自分の農地にあるコーヒーチェリーを収穫すると、そのまま加工業者に販売し、その後のことには関与しないのが一般的な商流でした。

しかし、若い生産者を中心に、自分たちで輸出手前の段階ぐらいまでしっかりと加工管理を行い、スマトラ式以外にも様々な精選処理を試み、コーヒーバイヤーの要望に合わせた高品質のコーヒーに仕上げようという動きが出てきました。

これは、コーヒーの消費文化が育ってきたことで、品質の高いコーヒーに相応の価値がつくようになり、コーヒー生産に興味を持つ若者が増えたことがきっかけだと言われてい

サードウェーブカフェと若手生産者

ポルン・アルフィナーさん

ます。

また、ネット環境が整備されたおかげで、中米など他の生産国でどういった精選処理の技術が使われているかという情報を簡単に得られ、自分の農園のコーヒーでも試せるようにもなりました。

この流れは、インドネシアだけにとどまらず、東南アジアで経済発展が著しいタイでも同じようなことが起こっています。

例えば、チェンマイという産地でコーヒー農園と加工場を営んでいる30代の若者は、元々は首都バンコクでエンジニアとして働き、奥さんは公認会計士として活躍していました。しかし、息苦しいバンコクで暮らすよりも伸び伸びと暮らせる田舎に移ろうと決めたそうです。その彼が作るコーヒーはタイ国内の有名コーヒーロースターの間でも人気の商品となっています。

経済成長とともに、国内のコーヒー文化が盛り上がり、都市部のコーヒー屋さんが自ら自国のコーヒー生産地へ赴き、コーヒー生産者と求める味わいを相談しながら作り出す。日本のレストランでも、野菜農家と直接契約しているというお店がありますが、そのように自分の店の味を追求するために産地でコーヒー農家と直接契約するということが東南アジアでも起こっているのです。

産地でのＩＴ技術の活用

若手の生産者がコーヒー栽培に従事しているインドネシアでは、ＩＴ技術の導入も進んでいます。例えば、スマトラ島のクリンチマウンテンという場所では、約５００世帯のコーヒー生産者を束ねるＡＬＫＯ（アルコ）生産者組合があります。

彼らは、自分たちのコーヒーが「いつ、誰が、どこで、どういった加工を行ったか」を、ブロックチェーンシステムによって管理しています。二次元バーコードを読み取ると、そのコーヒーがどういった経路を辿って日本まで届いたのかを確認することができます。

消費国側からこういったことをやってほしいという依頼があったわけでもなく、生産者組合が自ら、このシステムがあったほうがきっと皆の役に立つだろうと始められたサービスです。

このブロックチェーンシステムのおかげで、コーヒーの品質に不具合が出た時に、いったい何が原因だったのかということをサプライチェーンを遡って調べることができるようになりました。

今までは、産地での品質管理は生産者に頼るしかありませんでしたが、様々な角度からその改善方法を提案できるようになったため、とても有用です。


コーヒー産地は大きく、南米・中米・アフリカ・東南アジアに分けることができ、これまで南米はブラジル、中米はコスタリカ、アフリカはエチオピア、東南アジアはインドネシアを例に挙げて見てきました。そのほかにも、南米にはコロンビア、中米にはグアテマラ、アフリカではタンザニア、東南アジアにはベトナムといった日本でも有名なコーヒー産地があります。

産地風景と人々

太平洋編

・開発援助とコーヒー生産
・アメリカのコーヒー産地
・日本に広がるコーヒー栽培

新たなコーヒー産地としての太平洋諸国

オセアニアの島々で始まるコーヒー栽培

本章では、主要なコーヒー産地を紹介してきましたが、最後に、コーヒーは栽培されているけれどあまり聞いたことのない、太平洋諸島のコーヒー産地について少し触れてみましょう。

南太平洋の島々であるオセアニアは、メラネシア、ポリネシア、ミクロネシアと呼ばれる地域に分けることができます。

この地域は、現在オーストラリアやニュージーランドからの投資を受けているほか、中国からの資本も大きく入っています。また日本もＯＤＡ（政府開発援助）の資金を提供しており、島々の資源をめぐって大国の思惑が交錯している地域となります。

オセアニアの国々は、パプアニューギニアを除くほとんどが小さな島国で、人口も多いところで90万人程度（フィジー）、少ないところで一万人程度（ツバルやナウル）しかいません。

この地域にどのような経緯でコーヒーが導入されたのかという正確な情報はありませんが、少量ながらもコーヒーが栽培されており、芋類や野菜といった作物よりも換金性の高い作物として少しずつ栽培面積が広がってきています。

この地域のコーヒー産地で有名なのはパプアニューギニアで、日本にも輸出されています。そのほか、フィジーやバヌアツ、そしてトンガでもコーヒーが栽培されていますが、生産量がとても少ないため、そのほとんどが国内で消費され、残りはオーストラリアやニュージーランドに輸出されます。

ハワイのコナコーヒー

ちなみに、このオセアニアから北に行くとハワイがあります。アメリカ領に属するこの島々ですが、地理的・民族的にはポリネシアに近く、言語的にも類似するものがあります。

このハワイでもコーヒーが栽培されており、日本で知られる「コナコーヒー」はハワイ島で栽培されています。コナコーヒーとしてそのブランドが確立されていることもあって、高級品として販売されています。

オセアニアの島々で栽培されているコーヒーも、ハワイのような高級品として価値を高めて販売していきたいと考えているようです。

日本産コーヒーは広がるのか？

太平洋のさらに北側に位置する日本でも、コーヒーが栽培されています。

主な栽培地は沖縄です。琉球王国時代にコーヒーが持ち込まれたという研究報告もあり、現在では沖縄本島の北部を中心に農園が点在しています。

現在は、一農家さんがコーヒー栽培を手がけるようになっただけでなく、大手のコーヒー企業が沖縄にコーヒー農園を作っています。

また、沖縄以外にも多くの地域でコーヒーが栽培されており、鹿児島県の沖永良部島で栽培しているコーヒー屋さんがあったり、大分や広島、千葉などでも全国で栽培が試みられるようになったりしました。

今後、日本産のコーヒーが街中のコーヒー屋さんで飲めるようになるかもしれません。

沖縄のコーヒー農家さん

コーヒーの生存戦略

13世紀頃にイエメンで飲み物としてのコーヒーが発見され、それから500年余りでヨーロッパ中に広がった後、世界中でコーヒー栽培が始まりました。

現在では、生産国がコーヒーを生産するだけにとどまらず、コーヒー産業のムーブメントを作り出すまでに至っています。

こう考えると、なぜこんなにもコーヒーが世界で愛されるようになったのか不思議なものです。「カフェイン」がその大きな要因だったと言えるかもしれません。

コーヒーがイエメンで日常的に飲まれるようになった時には、宗教的な用途として使用されたようです。イスラームの神秘主義の人々（スーフィー）は夜通し祈りを捧げるためにコーヒーを飲んでいました。

また、第1章で見たように、ヨーロッパで広がりを見せたカフェ文化においても当初は、「お酒とは違い、理性的になれるもの」としてコーヒーが愛飲されていました。


別の観点から考えると、植物としてのコーヒーの生存戦略は大変な成功を収めたと言えるかもしれません。例えば、紀元前数千年から栽培されている小麦について、農耕社会となった人類が野生種の栽培化に成功したと表現されることがあります。しかし、小麦は、水やりや施肥など常に世話をされることが必要なわけですが、人類はそれを進んで行うようになりました。このことから、「小麦が私たちを家畜化したのだ」と表現する人もいます。

コーヒーも同じく、アラビカ種であれば、ある程度標高が高い場所で、直射日光が当たりすぎない、適度に自然な環境で、土壌も豊かでなければいけません。コーヒーチェリーをひとつひとつ丁寧に収穫しなければなりませんし、収穫後に果肉除去や乾燥や焙煎をしなければ飲むことができません。とても時間と手間がかかるコーヒー生産を人は進んで世界中に広げていきました。

コーヒーに惹きつけられた人々によって経済が動き出し市場が形成され、一時は石油に次ぐ世界屈指の巨大な貿易商品になったことは、あらためて考えると、人とコーヒーとが織りなす世界を舞台にした壮大な物語のようです。

コーヒー産地で起きていること

エチオピア

エチオピアのコーヒーは通常、隣国のジブチまで運ばれて、船積みされ世界中に出港されています。しかし今、イエメンで起こっている戦争の影響で出港が困難になっています。2023年11月に反政府武装組織フーシ派が、イエメン沖の船舶に対して攻撃を行ったことで、各船会社が港に寄り付かなくなっているためです。

コーヒーはエチオピアにとって外貨を取得するための重要な作物ですが、輸出ができないとどうしようもありません。

現在、紅海を通る船のルートには遅延が出て、通常ならば日本に一ヵ月ちょっとで届くコーヒーが、船積みで時間を要し、2ヵ月以上かかるケースもあります。ヨーロッパ方面へ輸出する時に使う、スエズ運河方面も慎重にならざるを得ません。他国の戦争ですが、主要経済インフラの近くではこういった妨害が頻発することが多く、輸出が困難になる場合もあります。良質なコーヒーだったエチオピアコーヒーが、港近くで滞留することによって品質劣化を引き起こすこともあるので、輸出準備は慎重に行うようにしてもらっています。

ネパール

ネパールに行った時のことです。カトマンズから山を越え、谷を越え、川の中を車で走り（横切るではなく川の中！）、10時間ほどかけてたどり着くコーヒーの産地の名前はトゥルポカラ。ここでは30世帯の村人が暮らしています。一世帯当たり5名ぐらいなので150人ぐらいが暮らす村。ここは数年前まで換金できる作物がありませんでした。

お金が必要になると、家の家畜（ヤギ）を売りに街に出かけます。換金作物として、コーヒーの栽培ができるのではないかという村人の興味もあり、2017年頃からコーヒー栽培が始まりました。2020年に初めての収穫ができ、いざ日本へ商品を運ぼうとしましたが、運賃が思っていた以上に高く、またネパールは内陸国なので、空輸でコーヒーを運ぶ必要があります。

通常の海上輸送よりも10倍近く運賃がかかった結果、日本に入ってきた時にはとんでもない高値のコーヒーになっていました。初めてコーヒーを栽培したということもあり、品質にはまだまだ課題があり、スペシャルティとして販売することは難しい品質でした。

実際に現地に行って、「コーヒー栽培していてどうですか?」と尋ねると、「売り上げたお金で子どもたちを学校に通わすことができているよ」と、素敵な返答がありました。

コーヒー栽培が良いインパクトを出しているのだと感じた一方、コーヒー栽培が彼らにとって良い収入になるもの、作れば作るほど売れるものと思っている印象も受けました。

実際には、高い価格で品質がまだまだのコーヒーなので、飛ぶように売れるというわけにはいきません。日本のマーケットのニーズとしては、「希少性」コーヒーとしての販売がやっとの状態です。

つまり、彼らが思い描いているコーヒー市場と、実際のコーヒー市場が大きく乖離している状態でした。彼らに日本ではこんな感じで販売されているよとか、まだまだ品質に課題があるよということを伝えました。それでもすぐには想像できないのが通常です。

「隣の村ではニュージーランドの会社がお金をばら撒いてコーヒー栽培を支援している」だとか、「もっとこの村もコーヒー栽培を増やすために、米を栽培している今の土地をコーヒーに転換させよう」といった議論が電気もない夜のトゥルポカラ村で焚き火を囲いながらされます。

「いやいや、少しずつやっていこうよ」と、何度も何度も伝えていく中で、徐々に理解してくれるようになります。とても小さなトゥルポカラ村では、彼らにとっての主食、お米やトウモロコシの栽培が何よりも重要で、ヤギの世話も欠かせないものです。コーヒー栽培のみに集中するわけにはいかないのが現状です。

また、この村では仏教徒がほとんど。彼らにとって何よりも重要なのが、宗教的な儀式や祭事です。コーヒー栽培よりも村の中にお寺を建てることを優先します。ネパールのコーヒー産地では、日本とは全く別のレベルで「コーヒー」というものが認識されているのです。

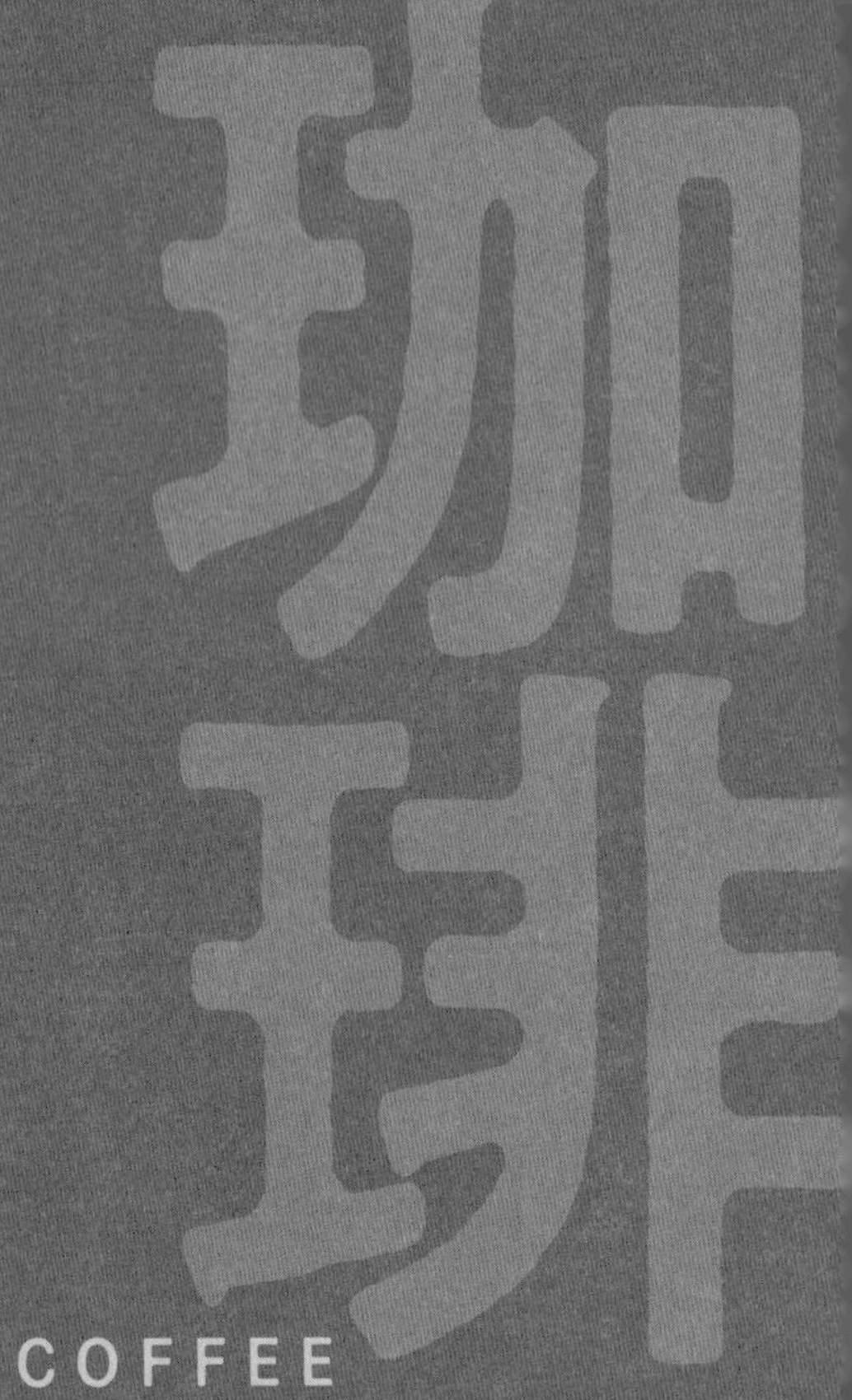
珈琲
COFFEE

一杯のコーヒーを深く知る

そろそろ、コーヒーが飲みたくなってきましたね。

コーヒーといえば「苦いもの」だと思っていませんか？
実は、コーヒーには甘さや酸味、香りの奥行きなど、想像以上に豊かな味わいがあります。けれど、「酸っぱいコーヒーは苦手」と感じる人も少なくありません。それは、味の感じ方や表現を知らないだけなのかもしれません。

味の違いが分かるようになると、いつもの一杯が驚くほど変わります。

さらに、その味わいが生まれる背景や、それに関わる人々の仕事や物語を知ると、コーヒーの一杯に込められた意味がより深く感じられるはずです。

次の一杯、いつもとは違う視点で味わってみませんか？

第 4 章

コーヒーの味の違いを楽しむプロの飲み方

飲み方 1

コーヒーの味を大きく分類する

コーヒーの味を表現する5つの言葉

コーヒーの味わいを言葉で表現する時、よく使われるのは、「甘み」「酸味」「苦み」「ボディ感」「香り」の5つです。それぞれバランスによって、様々なコーヒーの味を大まかに分けることができます。それぞれ簡単に説明していきましょう。

甘み

コーヒー生豆に含まれる成分を見ても、甘さを生み出す糖の含有はごくわずかで、それも焙煎によってほとんどが消失してしまいます。しかし、ブラックコーヒーを飲んで甘みを感じることがあるのはなぜでしょうか。これは、コーヒーの「甘い香り」がそういった印象を味覚に与えるからです。ほかにも、酸味とともに感じる「甘酸っぱさ」や、苦みとともに感じる「ダークチョコレートのようなほのかな甘み」などがあります。

酸味

コーヒー生豆にはクエン酸、リンゴ酸、乳酸といった成分に由来する酸味があります。クエン酸の酸味は、オレンジやレモンなど柑橘系の果物に感じられるようなシトラス系の酸味、リンゴ酸はその名の通りリンゴを食べた時に感じる酸味でブドウや梅干しなどにも含まれています。乳酸はプレーンヨーグルトを食べた時に感じる酸味です。

苦み

苦みの元となる成分はコーヒー生豆の場合、クロロゲン酸やカフェインです。また、焙煎を深くすることで「炭化」が起こり、焦げたような苦みになります。人間の舌は、温度が低いと苦みを感じにくくできているので、アイスコーヒーなどは深く焙煎したコーヒーが多くなります。

ボディ感

ボディ感とは、いわゆる「コク」のようなものです。コーヒーを飲んだ時に、舌にどっしりした印象があるものもあれば、サラッとした印象のものもありますが、このような口当たりのことを指します。簡単に言うと、前者がエスプレッソで、後者がアメリカンのようなイメージです。

ボディ感は、コーヒー生豆にどのぐらいの糖が含まれているかで大きく変わります。そのため、ウォッシュド・プロセスのように水を使った精選処理で加工したコーヒーは、ナチュラル・プロセスやハニー・プロセスのものと比べるとボディ感が軽めになります。

香り

コーヒーの香りの成分は何百種類とあるようです。大きく分けると、柑橘系のフルーツのような酸味とともに感じる香り、完熟マンゴーのような甘みとともに感じる香り、お花のような華やかな香り、香ばしい焼きたてナッツのような香り、苦みとともに感じるスモーキーな香り、ウイスキーやワインのようなアルコールを彷彿とさせる香りがあります。

コーヒーの味を表現する言葉

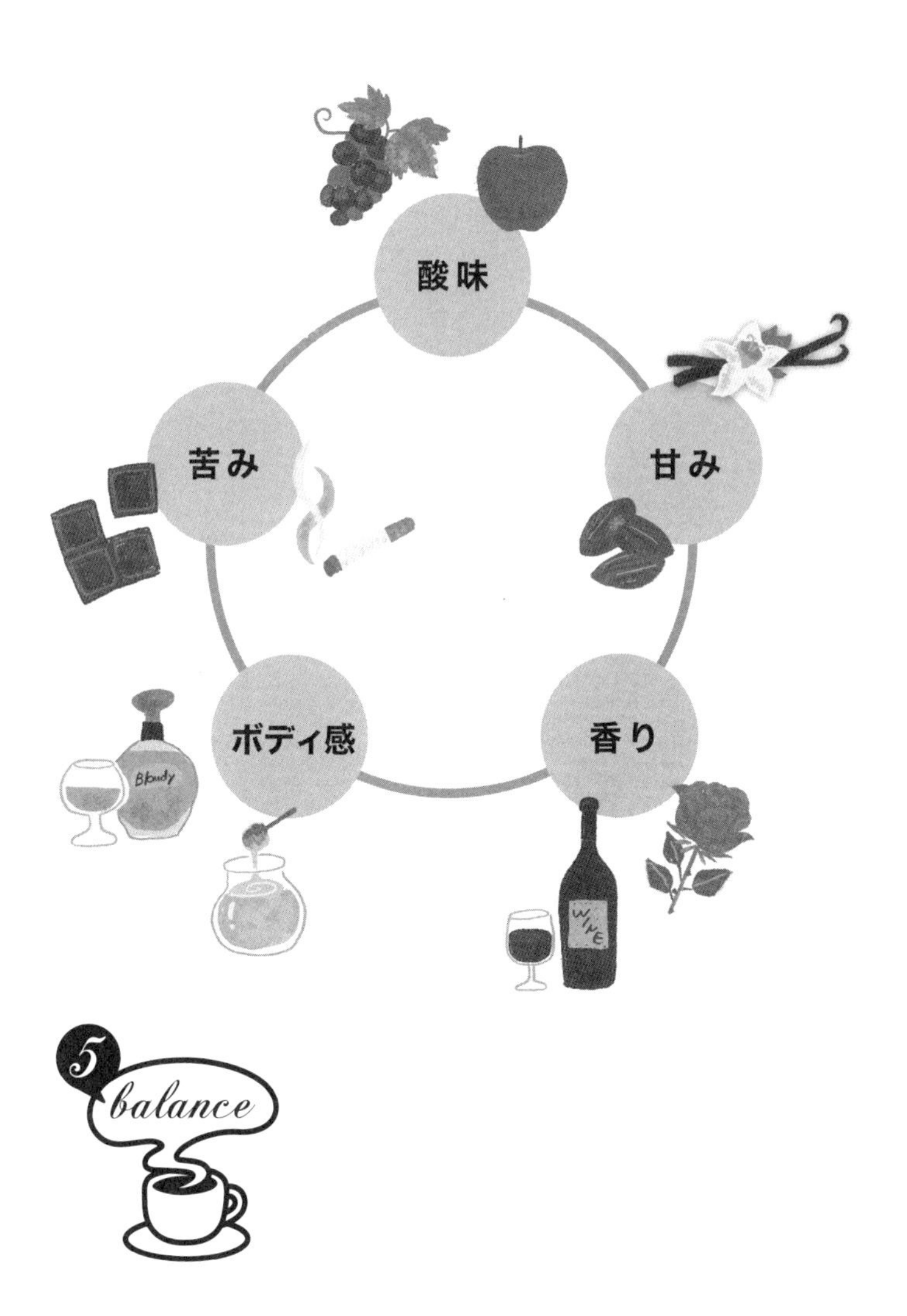

飲み方 2

飲み比べで味覚の解像度を上げる

まずは焙煎度で飲み比べてみる

コーヒーの味わいは前述のように大きく5つに分類できます。しかし、実際にコーヒーを飲んでいきなり全ての味を感じることは難しいと思いますので、まずは大きく、「苦みか酸味か」「スッキリ軽めの味わいかコクの深い味わいか」という2つの軸で飲み比べ、コーヒーの味を分解していきましょう。

その時に役立つのがコーヒーの「飲み比べ」です。深煎り、中深煎り、中煎り、浅煎りそれぞれのコーヒーを飲んで、味の違いを感じてみましょう。

そうすることで、「自分は苦みの強い深煎りコーヒーが好きだな」とか、「コクの深い中深煎りが好きだな」とか、「酸味と甘みを感じる浅煎りが好きだな」ということが分かってきます。

好みの焙煎度が分かったら、産地別に飲み比べる

大まかに自分の好みの焙煎度が分かってきたら、次に産地の違いを意識してコーヒーを飲んでみましょう。

例えばひと口に深煎りと言っても、ケニアの深煎りとインドネシアの深煎りでは全く違った印象を持つでしょう。

ケニアからは苦みとほのかな甘み、インドネシアからは苦みとフルーツのような甘みを感じられます。

また、浅煎りの中でも、ブラジルの浅煎りとエチオピアの浅煎りでは、印象が全く違ってきます。

ブラジルは柔らかな酸味と香ばしい香り、エチオピアは華やかな酸味とフローラルでレモングラスのような香りを感じられます。

コクのあるコーヒーが好きな方は、中深煎りを飲み比べるといいでしょう。例えばコクを感じつつ甘みがあるグアテマラと、コクはありつつスッキリ感のあるコロンビア等々。口の中で感じるバランスの良さをどこに求めるかを探していきましょう。

精選処理ごとの味の違いを感じる

自分の好みの味わいが分かってくると、今度は他にも色々なコーヒーを試してみたくなると思います。特に、コーヒーの品種ごと、精選処理方法ごとの香味の違いを知っていくと、コーヒーにどんどんハマっていきます。

味の違いを知るにはまず、ウォッシュド・プロセスとナチュラル・プロセスを飲み比べてみるのが良いでしょう。

「ウォッシュド」では輪郭のハッキリした明るい酸味を感じ、「ナチュラル」ではフルーティで甘みの強い印象があります。

ハニー・プロセスは「ウォッシュド」と比べると、酸味が柔らかくボディ感が強めに感じられます。「ウォッシュド」と「ナチュラル」の中間あたりになると思っていただくといいでしょう。

スマトラ式も、ウォッシュドと飲み比べると違いが分かりやすくなります。スマトラ式には、ウォッシュドのコーヒーにはない、渋みや苦みのような印象を受けると思います。酸味の出方も明るい酸味というよりは、グリンピースやグリーンマンゴーのような印象を受けることが多いです。

精選処理ごとの味の特徴

ウォッシュド	輪郭のハッキリした明るい酸味が特徴で、透明感のある香味が楽しめる。
ナチュラル	果実味豊かで甘みの強い風味が特徴で、華やかな香りが楽しめる。
ハニー	酸味が柔らかく、バランスの良いボディ感が特徴で、甘みのある香味が楽しめる。
スマトラ式	心地良い渋みや苦みが特徴で、青いフルーツのようなユニークな香味が楽しめる。

色々な品種を飲み比べる

品種による味わいの違いについて、一番顕著に感じ取れるのは「ゲイシャ」という品種です。エチオピアのベンチマジという場所のゲシャ村で見つかったコーヒーで、それがパナマに持ち込まれ、品種改良を重ねて市場に出たところ、その味わいの豊かさで有名になりました。

ゲイシャ種のコーヒーの味は、私なりの表現で言うと「ブドウ味のガム」といった印象で、ブドウっぽい味わいが口の中に広がります。

香りはジャスミンティーやバラのような印象があり、フローラルな香りがさわやかに鼻に抜けます。

「ティピカ」という品種は、エチオピア由来の品種です。ゲイシャと同じくフローラルな香りと果実感のある酸味があり、甘みを伴うため、甘酸っぱさが特徴的です。焙煎を深くしても嫌な苦みが出にくく、スッキリとした印象を持つコーヒーになります。

「ブルボン」という品種は、マダガスカル島近くのレユニオン島由来のコーヒーで、ティピカと比べるとどっしりとした甘みが特徴的です。


また、ロブスタ種とアラビカ種を交配した「カティモール」という品種が世界の生産地で栽培されるようになってきました。

これは、病虫害への耐性が強く、収穫量が多くなるという利点があるためです。ただし香味の点では、先に挙げた3品種と比べると劣ってしまいます。浅めの焙煎をすると、グリーンピースやピーマンのような印象のコーヒーになります。

味覚の解像度が上がると、コーヒーがさらに楽しくなる

「酸味のあるコーヒーが苦手だ」という方がいますが、それは飲み慣れていないことが一番の理由に挙げられます。

ある程度飲み比べを進めると、はじめは「酸っぱい！」と感じていたコーヒーも徐々に良質な果実の酸味のように感じられ「このコーヒーはレモンのような酸味」「こっちはストロベリーのような酸味」というように解像度が上がっていきます。

スペシャルティコーヒーでは、果実のような酸味を評価するための表現がたくさん使われます。その中でどういった酸味が好きかを具体的にしていくことで、コーヒーの味わいをより楽しむことができます。

また、「コーヒーの苦みが嫌いだ」という方でも飲み比べを重ねることで、「苦い！」と感じていたコーヒーも、炭のようなザラッとした苦みからダークチョコのような甘みを伴った苦みまで幅があることが分かります。

スモーキーなウイスキーのようなピートの心地良い苦みのコーヒーもあります。そうして、自分に合う心地良い苦みがどういったものかを見つけていくことができます。

つまり、味覚は少しずつ磨き上げることができるのです。

人間の味覚はとても複雑で、今までどんなコーヒーを飲み、どのような食事をしてきたかといったことで感じ方が大きく変わります。

たくさんのコーヒーを飲み比べて、自分の舌に慣れさせることから試してみましょう。きっと新たなコーヒーの面白さに気づくことができます。

飲み方 3

カッピングで香味を分析する

「このコーヒーおいしい！」と思う時、どんな要素がある？

コーヒーの好みや味の違いが分かってきたら、今度はコーヒー業界の現場でも行われるコーヒーの香味評価である「カッピング」に挑戦してみましょう。

カッピングとは、コーヒーの香味を細かく分析していき、客観的に品質を評価するためのものです。

カッピングの評価方法にはいくつか種類がありますが、本書では、世界で広く使われている「SCA方式」をもとにご説明します。これは、アメリカスペシャルティ協会（SCAA）が定めた評価方法で、2004年頃からアメリカで導入され始めました。現在は、スペシャルティコーヒー協会（SCA）のもとで運用されています。

SCA方式のカッピングの香味カテゴリー

フレグランス／アロマ	コーヒー豆を挽いて粉にした時に感じる香りの強さと質を評価します。この際、どういった香りを感じたかを覚えておき、その後、コーヒーの粉にお湯を注いだ状態では香味がどう変化するかをさらに評価します。
フレーバー	コーヒーを飲んだ時にどういった香りがするか、その香りの広がりは心地良いか、どういった香味がするかといった観点から評価します。
酸味	コーヒーから感じる酸味の種類を具体的に言い当てていきます。フルーツのような酸味を感じるか、もしくは酢酸のような酸っぱさがあるかといった視点で、その酸味の質感と強弱を評価します。
アフターテイスト	コーヒーを飲み終わった後に口の中に残る余韻、鼻腔で感じる香りの余韻のことを言います。良質なコーヒーは、甘い香りとともに余韻が長く続きます。
ボディ感	コーヒーの口当たり・重量感。コーヒーを飲んだ時に感じるどっしりとした印象やなめらかな印象。例えば、水を飲んだ時と牛乳を飲んだ時では、舌で感じる印象はそれぞれ違いますが、その時の感覚がボディ感です。
バランス	フレーバーの強さ、酸味、アフターテイスト、ボディ感、それぞれがバランス良くそのコーヒーに存在しているかといったことを評価するカテゴリーです。例えば「酸味は素晴らしいけれども、ボディ感が弱いな」といった印象を受けるコーヒーは評価として下がってしまいます。
クリーンカップ	雑味がないことや、コーヒーを口に含んだ時の香味の透明感を評価します。欠点豆のようなネガティブな香味を感じたり、舌触りが良くなかったりすると低い評価となります。
均一性	ユニフォーミティ（Uniformity）と呼ばれるものです。ひとつのサンプルに対して5つのカップを使用してそれぞれのカッピングを行い、全てのカップが同じような香味であるかを評価します。
甘み	飲んだ時や後味に感じる甘みの強さや質感を評価します。黒砂糖のようなどっしりとした甘みや、シロップのようなさっぱりした甘みというように、どういった甘みかを具体化していきます。

カッピング評価の対象となる香味のカテゴリーは、「フレグランス／アロマ」「フレーバー」「酸味」「アフターテイスト」「ボディ感」「バランス」「クリーンカップ」「均一性」「甘み」の9つです。これらのカテゴリーについて、それぞれの「質感と強弱」を評価して点数をつけていきます。

2024年からはカッピングの評価基準が少し変化していますが、現在のところ現場ではこれらのカテゴリーをもとにコーヒーを評価しています。各カテゴリーの詳細は163ページの表をご確認ください。

これらのカテゴリーに加えて、「総合評価」という項目があり、9つの香味カテゴリーを総合的にみた点数をつけます。各項目につき10点満点として点数をつけていきます。

SCA方式では、カッピングの合計点数が80点以上のコーヒーのことを、スペシャルティコーヒーと呼ぶと定められています。

実践！　簡易カッピング

右のようなカッピング評価はルールが細かく、コーヒー豆の重量、焙煎度合い、使用する水の質、挽いた粉の粒度、お湯を注ぎコーヒーを混ぜるまでの時間、コーヒーの混ぜ方（ブレイク）などが細かく定められています。全てをルール通りに行おうと思うと準備段階で挫折してしまいそうになるので、ここでは簡易的なカッピングの方法をご紹介します。

次のページに見開きでまとめていますので試してみてください。

カッピングがうまくなるには？

カッピングは比較することが重要なので、最初は違いが分かりやすい2種類のコーヒーを飲み比べることから始めるのが良いでしょう。

おすすめは、ブラジルのナチュラル・プロセスとエチオピアのウォッシュド・プロセスの組み合わせです。いずれもスーパーなどで手に入りやすいコーヒーなので試してみてください。

最初から全ての項目をみようとするのではなく、まずは、酸味と甘みだけに絞って味をみていきます。

step 1

200ccの耐熱カップを２つ用意します（コーヒー１種類につき２カップ使います)。コーヒー豆を挽いて粉にして、それぞれのカップに12gずつ入れます。粉にした状態で、実際にその香りを嗅いでみてください。その時に感じた香りをメモしておきましょう。例えば、甘い匂いがしたとか、フルーツのような香りがしたとか、お茶っぽい匂いだ、とかです。

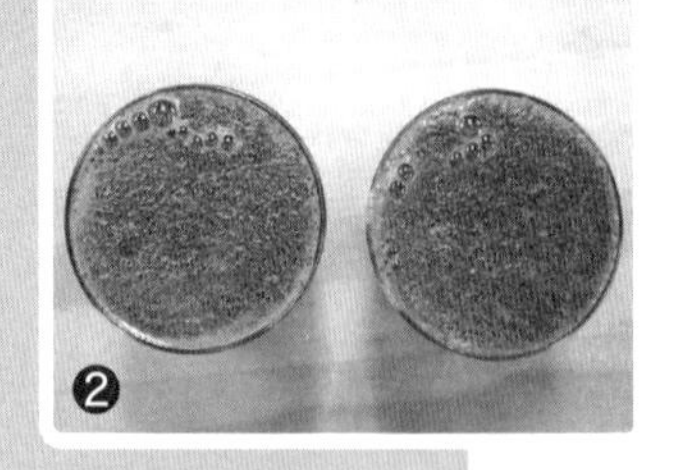

お湯を注いでから12分経ったらカッピング開始です。

スプーンで適量をすくって、コーヒーを口に運んで味を確かめます。この時、勢いよく啜り、口の中でコーヒーが霧状になると、香味を鼻でも感じやすくなります。

そして、感じた酸味や苦み、甘み、ボディ感、香りをメモしていきます。

step 3

耐熱カップいっぱいのお湯を注ぎ、４分間待ちます。その間にカップに鼻を近づけてどんな香りがするか嗅いでみましょう。

４分経ったらカップの表面をスプーンの腹で撹拌(かくはん)します。２種類以上のコーヒーをカッピングする時は、１種類目の２カップを撹拌した後、スプーンを水に浸けて洗ってから次の種類のカップを撹拌しましょう。全てのカップを撹拌できたらカップの表面に浮き上がってくる泡や粉をスプーンですくい取っていきます。こちらも同じく、次のカップの泡をとる前に一度水に浸けて洗ってください。

ブラジルのほうは酸味が少ないので甘みを感じやすく、エチオピアのほうはフルーツ系の酸味をハッキリと感じられるでしょう。嗅覚が鋭い方は、穀物やナッツのような香りをブラジルに感じ、エチオピアではフローラルでレモングラスのような香りを感じられます。同じ種類のコーヒーでカッピングを3回ぐらい繰り返すと、なんとなく酸味や甘みの特徴が具体的に分かってきます。最終的には、香りや後味、クリーンカップについても感じ取れるようになります。

カッピングは一人で行うよりも、慣れた人に色々聞きながら行ったほうが上達しやすいので、カフェが主催している「カッピング会」や「パブリックカッピング」と呼ばれるイベントに参加するといいでしょう。それぞれのお店でやり方の違いはありますが、様々なコーヒーをプロと一緒にカッピングすることができるため、香味についての理解がとても早くなります。

お店でもこっそりできる、カッピングを応用した飲み方

このカッピング方法を応用すると、カフェなどで飲むコーヒーをより細かく味わうこと

ができます。私がたまにやっている、コーヒーの楽しみ方をご紹介します。

私がコーヒーを注文する時は、いつも「おすすめはありますか？」と聞いています。すると、たいていお店の人は「酸味があるものと、コクがあるもの、どちらがお好きですか？」と尋ねてくれるので、こちらは「酸味があるものをお願いします」など好みを伝えます。

一口目は、ごくりと飲んだ後に息を鼻から出します。呼吸を何度か繰り返すと、コーヒーの香り成分が鼻腔のあたりに昇ってくるので香りを感じやすくなります。お花屋さんに行った時のような香り、完熟フルーツをかじった時のようなジューシーな香り、ワインやウイスキーのような特徴ある芳醇な香りなどなど。どういった香りがするかを頭の中で具体化していきます。

その香りを感じながら、まず甘みを探していきましょう。飲んですぐ感じる甘みなのか、飲んだ後に感じるほのかな甘みなのか、といったところです。

次は酸味を探します。甘みとともに感じる酸味なのか、酸味が前面に出ているコーヒーかなどを意識します。

そして、最後に甘み・酸味・香りの余韻がどのように口や鼻に広がるかを感じるようにしています。心地良い余韻の残るコーヒーもあれば、キレが良くスッと綺麗に口の中から消えるコーヒーもあります。

このようにして、コーヒーを段階に分けてゆっくり飲むことで味覚の解像度を上げていくと、自分の好みのコーヒーを見つけられるようになります。

この方法で飲む時は、コーヒーを飲むという行為を純粋に楽しむために、そのコーヒーの良い部分だけを探すようにしています。甘みに厚みがあるなとか、南国フルーツみたいとか、ブランデーのような香りがするといった感じです。

カフェの店員からすると、目の前でコーヒーをカッピングのように評価されるのはあまり良い気持ちではありません。コーヒーは評価するものではなく、楽しむものであることを忘れないようにしましょう。

カッピングを応用した飲み方

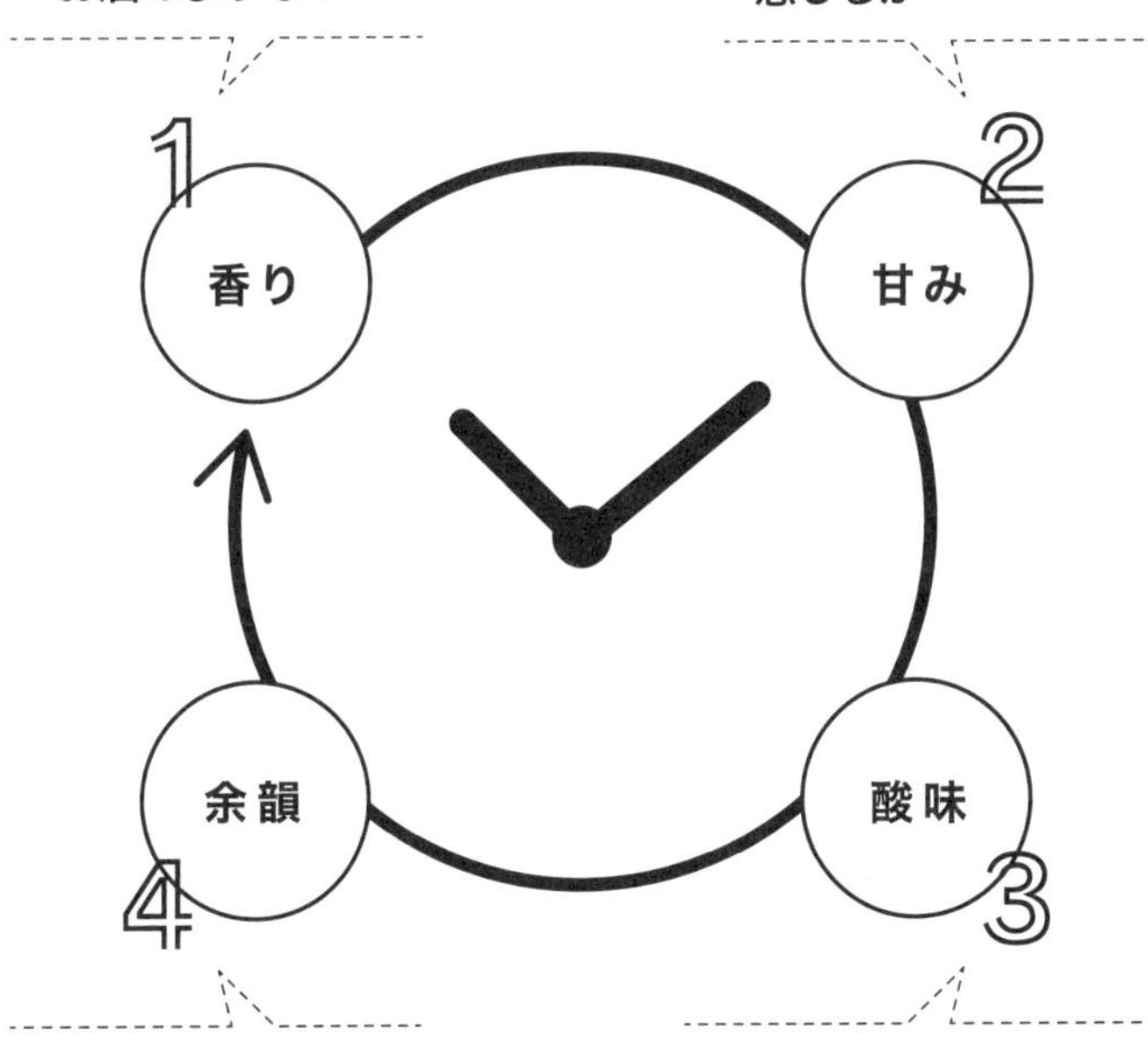

4段階でゆっくり味わう

味覚の確かさよりもコミュニケーションが大切

コーヒーを楽しむには、頭で考えすぎないこと

このカッピングという方法は、コーヒーの品質を評価し、生産国の買い手と消費国の売り手とのコミュニケーションを円滑にするということが主な目的でしたが、それ以外にそのコーヒーの価値を決める役割も果たしています。

嗜好品商品に対する価値の決め方を相場だけに頼るのではなく、客観的な品質評価をもとに、「これ評価高いよね。じゃこの価格は妥当だよね」といったコミュニケーションをとることで、適正な価格での取引が行えるようになります。

全てのコーヒーがカッピングを通して取引されるわけではなく、たまに意見が合わない場合もありますが、スペシャルティコーヒーを取引する場合には必ずカッピングを行いな

がらコミュニケーションがなされていきます。

私が産地を訪れる時には、必ず生産者の方や輸出会社の方とカッピングをしながら彼らのコーヒーの話をします。おいしいと判断されるコーヒーだとしても、消費国によってはニーズに合わない香味もあるので、「これは日本だったら売れないけど、韓国ならいけるかもね」とか、「この香りはサウジアラビア向きだからそっちに販売するのが良いかもしれないよ」とやりとりを重ねて、自分たちの求める品質がどのようなものなのかを伝えます。


第3章では代表的なコーヒー生産国の事情をみながら世界の政治経済との関係を解説し、第4章ではコーヒーをより深く味わうための方法を紹介してきました。

次章では、コーヒービジネスに関わるプレイヤーに焦点を当て、コーヒーが生産地で作られてから皆さんのお手元に届くまでの間に、どういった人たちの働きがあり、その仕事によってどのように味わいが作られているのかを見ていきましょう。

一人の買い付け人から読み解くコーヒービジネス

コーヒーバイヤーという仕事

スペシャルティコーヒー店を訪れると、同じような名前のコーヒーが並んでいることがあります。

第5章で詳しく見ていきますが、コーヒーは商社や専門輸入会社が、コーヒー産地からまとまった量を一気に輸入します。それを中間問屋さんが、小分けないし少量で販売していくのが通常の流れなので、輸入されたコーヒーが色々なコーヒー屋さんで見られるのは至って普通のことです。

例えば「インドネシア　ポルン」と検索すると色々な焙煎業者さんが使っているのが分かると思います。コーヒー買い付けの仕事をしている人間としては、色々な店で自分が仕入れた豆を見られるのはバイヤー冥利に尽きます。

ここでは、コーヒーのバイヤーという仕事が実際どういったものなのかをご紹介していこうと思います。

実際にどのようにバイヤーが買い付けを行っているかと言うと、おおよそ収穫期が始まるタイミングで各産地からオファーがあります。「今年の生産量はおおよそこのぐらいになるから、価格はこんな感じかな」といった具合です。

その生産量と価格を鑑みながら、買い付け商品を決めていきます。その時に重要となるのが、契約、サンプルワーク・品質、支払い条件です。少しややこしいですが、詳しく見ていきましょう。

① 契約：欲しいコーヒーの数量と時期を確保

コーヒーは収穫されてから様々な加工を経て、生豆と呼ばれる輸出可能な状態にまで仕上げるのですが、その状態までに仕上げるのに時間がかかります。そのため、実際に輸出が可能となるのは、収穫が始まってから一ヵ月後とか2ヵ月後、遅い時は4ヵ月後ぐらいになります。

バイヤー側は、コーヒーの現物はまだ手に入っていない状態でも、先に売買契約書を結んでしまうことがあります。その契約書に、「この月に輸出してね」ということを明記します。「もっと後で契約を結んだほうが確かじゃないか」という考えもあると思いますが、例えば、バイヤー側のお客さんが、「このぐらいの品質のものを来年のこの時期に欲しい」という注文を受けた時に、未来の相場がどうなるか分からない状態でその契約を結ぶことはできません。

そのため、注文があった時点で、じゃ、収穫が始まった今の相場で産地側はこの価格と言っているから、その価格でコーヒーをお願いしようと契約を締結します。

産地や輸出会社によっては、収穫も始まっていないずっと先のコーヒーに関しても契約を結んだりもします。コーヒー相場に基づく、商品先物取引らしい買い付け方法です。

もちろん、収穫が終了し、商品として輸出できる数量の見込みがたってからの調達も可能です。しかし、人気の高い産地や農園のコーヒーは競争率が高いので、収穫前にはある程度の買い付け数量を現地に伝えて契約を結んでしまうこともあります。

② サンプルワーク：品質を確認

サンプルワークとは、輸出前に産地から送られてくるサンプルの品質をチェックすることです。お願いした品質のものに仕上がっているかを確認するために、とても重要な作業となります。ひとつのサンプル当たり300～500gほどが送られてきます。

バイヤー側は、お願いしたコーヒーの品質を確認して、求めている品質に仕上がっていたら産地に輸出準備に取りかかってもらうよう伝えます。「品質がちょっと違うな」となると、「もうちょっと品質を改善してほしい」というフィードバックをして、再度違うサンプルを送ってもらうようにお願いします。簡単なように見えますが、このサンプルワークはとても重要な作業となります。

バイヤーが求めている品質と、輸出側が思っている品質が違うことがよくあるので、そのズレを埋めていくことが必要となるからです。何年も付き合いのある輸出会社ならば、スムーズにいきますが、初めて取引するような業者となるとなかなかそうはいきません。何度もサンプルワークをする場面もあったりします。

また、実際にサンプル段階では合格だったとしても、いざ商品として日本に届いて見ると、全然違う品質のコーヒーが送られてきたというのはよくある話です。

ですから、サンプルワークをしっかりと行い、信頼できる会社であることを実地で確認するというのは我々にとって欠かせない作業なのです。

③ 支払い条件の取り決め：リスク管理の重要性

この本を読んでくださっている皆さんも、商品を売買する時に、先方の会社とどのタイミングで金額をお支払いするか、という取り決めをしたことがあると思います。

「うちは末締めの翌月末の銀行振込での支払いが基本だよ」とか、「代引きで支払いをします」といった具合です。コーヒーの輸入の場合にはどのタイミングで支払いがなされるでしょうか。

通常のコーヒーの国際取引では、「Against BL」という船積み証券が発行された時点で代金を100％支払う条件が主流です。つまり、コーヒーがちゃんと船積みされて、その証明書が発行された時点で支払われるという支払い条件です。

しかし、輸出会社によってその条件を変えてくれとお願いされることもあります。

産地側のコーヒープレイヤーにとっては、収穫期にコーヒーチェリーを買い付けて、加工し

て、乾燥して、袋詰めして輸出する期間はお金が出ていくばかりなので、できれば先払いをして欲しいとの要望を出してくる会社も少なくありません。

当然、支払う側のリスクにはなるので、コーヒーバイヤーは一般的にはその要望に応じようとしません。しかし、それを受けるかどうかは、バイヤー側のリスク管理の考え方次第です。

コーヒーの取引の難しさ

契約書を結び、サンプルを取り寄せ品質を確認し、支払いをする。至って単純なのですが、なかなかスムーズに物事が進まないのがコーヒーの買い付けです。生産地側で大きなアクシデントがあったり、契約を結んだ時には相場が安く、実際に収穫が始まると相場が高騰し、どうしても赤字で輸出しないといけない場面などは、輸出会社が契約書を不履行にして、別の国へ売ってしまうという事態もよく起こります。ウクライナの情勢やブラジルの霜害によってコーヒー相場が大きく変動した時期にはそういったことがたくさん起こりました。

また、相場的には安定していたとしても、局地的に生産量が少なくなったり、需要が高まったりすると相場とは別の動き方をして価格が限定的な産地で高騰したりします。そうすると予想していた価格帯で買い付けできると思っていたコーヒーチェリーが買えず、仮に収穫前に契約を結んでいたとしても、約束された価格でコーヒーを調達できない場面もあり、バイヤー側に「ごめん、どうしても価格が上がってしまうから契約単価の見直しをお願いできないだろうか」といった相談をしたり、そもそもコーヒーが輸出できないという事態に陥ったりすることもあります。

ある会社は、インドネシアと大口の契約を結んだけれど、実際にその契約した数量が履行されることはなく、そのコーヒーは別の国に販売されてしまったということがありました。

なぜならば、契約した価格以上にコーヒー調達コストが上がってしまったからです。そのまま契約通りに輸出すると赤字になる、だけど別の国に販売すれば、今の価格で販売できるので黒字になる。ならば契約は不履行にしちゃえという考えが働いたからです。「え、それずるくない？　契約ってそんなんでいいの？」と思われるかもしれませんが、こういったことがコーヒー売買では結構起こっています。

こんなことが起こってしまった場合でも、怒ったほうの負けです。どんだけ喚き散らそうが、「ないものはない」とか「できないものはできない」と一蹴されてしまいます。真摯かつ丁寧に、「では、どういった状態が双方にとって望ましい状態か」をひとつひとつ提示しながら、これはできる、これはできないというのを整理していって、「妥協点」を見つけていくようにするしかありません。「契約書に書いてあるから、契約違反だ、裁判だ！」と言っても時間もかかりますし、国が違えば法律も違い、法律が通じない場合もあります。こういった状態にならないように、常に産地とやりとりをすることも重要ですし、そういったことが起こり得る業者を

見極める、リスク管理の力が重要となります。

また、現地に何度も足を運び、生産ラインや品質管理がしっかりしていると確認していたとしても、実際に日本についたコーヒーの品質を確認すると、輸送中に品質劣化が起こっており、売り物にならないなんていうこともよく起こります。

コーヒーの買い付け・輸入を行っている会社ならば、必ず経験していることだと思います。私自身も経験があります。日本向けではないですが、「毎月1コンテナ分のコーヒーをこの国に送ってね」という、いわば3ヵ国間貿易でお願いしていたのですが、実際に契約した数量を準備することができないと急に輸出会社から言われました。すると、コーヒーを送るはずだった国からも「え、それじゃ契約不履行になるから、今まで受け取った分の支払いもしたくないなぁ」と支払いが止まってしまったことがあります。何度も弁護士とやりとりし、督促のメールを送り、なんとか無事に全ての金額を回収するまでに半年間ぐらいかかったのを覚えています。結構ストレスを感じる日々でした。

このように、戦争によって相場に変動が起きたり、気候変動によって生産量が減ったりすると、価格に影響するだけでなく、コーヒーが買えないという事態になることもあり得ます。

また、消費国の需要や経済力によっては、契約したはずのコーヒーが別の国へ売られてしまうこともあります。常に世界の動向と各コーヒー生産地の状況、ひいては取引先の輸出会社の状況を把握しておくことが、コーヒーのトレーディングにおいてはとても重要になるのです。

第5章

サプライチェーンから見る、コーヒーの味の作り方

コーヒーの味はどのように作られるのか

味の良さだけでなく、産地への想像力を持つことが重要になる

2024年に、カッピングの方法を決めているスペシャルティコーヒー協会（SCA）のルールに、新しい評価項目が追加されました。

それは、コーヒーそれ自体の品質評価だけにとどまらず、そのコーヒーがどのように作られて、どのような加工を経たのか、発酵の時にどのような方法を取ったのかといったことや、コーヒーがどのように取引されたのかといったことまで、できるだけ細かくそのコーヒーの背景にあるストーリーをコーヒーの「品質」として評価していこうというものです。

これまでコーヒー業界では、カッピングによって評価されたコーヒーの香味品質のことを「カップクオリティ」と表現してきました。しかし現在では、そういった香味だけでコーヒーの良し悪しを判断することが難しくなってきています。

コーヒーの木が栽培されている生産国から海を渡って私たちの手に届くまでに何が起きたのかといったサプライチェーンの過程を評価項目に加えた、新たな評価方法としての「トータルクオリティ」が重要となったのです。

サプライチェーンを辿れば、おいしさの理由が分かる

トータルクオリティを評価するには、サプライチェーンの全体像を見ることが必要となります。逆に、サプライチェーンを細かく見ていけば、コーヒーの品質の要である「おいしさ」がどこで作られるのかを理解することができます。

ここからは、コーヒーのサプライチェーンに関わるプレイヤーがどのように働いているのか、またサプライチェーンの各段階でコーヒーの味わいにどのような影響をもたらすのかについて見ていきましょう。

「おいしさ」の背景にあるコーヒー産業というグローバルビジネスの仕組みが理解できれば、コーヒーの味の違いをより楽しめるようになるだけでなく、一杯のコーヒーから世界で起きている様々な出来事を想像する力が身につきます。

サプライチェーン

コーヒーチェリーから生豆になるまで（生産国）

まずは、コーヒーチェリーが生豆になるまでの流れをご紹介します。コーヒー栽培と収穫を行う生産者、収穫された実を集め選定する集荷業者、コーヒーの味づくりに不可欠な精選処理を行う加工業者の仕事について見ていきましょう。

生産者

まずは、コーヒーチェリーが生豆と呼ばれる原料に至るまでの過程に関わるプレイヤーを見ていきましょう。

コーヒーの業界において「生産者」とは、そのコーヒーが育っている農園のオーナーのことを言います。

今まで見てきたように、生産国によってコーヒー栽培の環境が違うため、生産者といってもブラジルのように300ヘクタールを超える大農園のオーナーから、エチオピアのように10ヘクタール未満の小規模農園のオーナー（小農家とも言います）まで様々です。

小農家の人々は、コーヒー農園の面積が小さいのでピッカーを雇う必要はなく、自分た

生産者

ちで収穫を行います。

朝、自分の農園に行って収穫を始め、夕方頃まで収穫を行います。疲れたら、コーヒーの木陰でタバコを吸ったり、檳榔（びんろう）（噛みタバコ）を噛んだりしながら、一緒に収穫している家族と団欒します。そして、家で作ってきたお昼ご飯を農園で食べ、また収穫する。乳飲み子を背負った人もいますし、それを手伝う小さな子どももいます。

たまに、そういった情報を聞きつけて、「それは、児童労働ではないか！」と指摘する方がいますが、「いやいや、これはファミリービジネスですから」と説明しています。実際、コーヒー産地の子どもたちは、一日の半分が学校、もう半分は家の農業の手伝いをするということがよくあります。

さて、小農家は特に決まった量を収穫するわけではなく、その日に収穫したいと思う量だけ収穫し、それを買い取ってくれる業者に持っていきます。

コーヒーチェリーの買い取り業者にも、様々なタイプがあります。例えば、収穫したコーヒーの実の品質にかかわらず、収穫量をもとに買い取り金額を決める業者。こういった業者は、その場で小農家さんにキャッシュで支払いをしてくれます。

一方、収穫されたコーヒーチェリーを丁寧に確認してその品質に応じた価格で引き取る業者もいます。この場合、支払いは後払いになることもあります。

そのため、小農家さんは急ぎで必要なお金がある場合、どんな品質でも買ってくれる業者に持っていき、現金をすぐに受け取ります。

逆に、お金がすぐに必要ない場合は、高い価格で買ってもらえるよう、手間と時間をかけて完熟した実を収穫して業者に持っていきます。

大農園の場合は農園オーナー一人とその家族だけでは、全ての収穫ができないので、ピッカーと呼ばれる収穫のためのアルバイトを雇って農園内のコーヒーチェリーの収穫を行います。

品質の高いコーヒーを作り出すためにはただ大量に収穫すればいいというわけではなく、完熟になったコーヒーチェリーを選んで摘んでいく必要があるため、高度なスキルが必要となります。

コーヒーの香味の元となる成分は、コーヒーチェリーの熟度によって大きく変わります。収穫されたものの中に、未成熟の実が多いと、穀物のような香味となり、品質は低下します。完熟の実が多くなればなるほど、香味が豊かになるため、コーヒーチェリーの熟度を見極めて収穫を行う、腕利きのピッカーを雇えるかどうかがおいしいコーヒーを作るカギとなります。

ピッカーの給与は収穫できた量に応じて支払われますが、農園によっては、収穫されたそのコーヒーの実の品質によって賃金を変えているところもあります。熟度の高いコーヒーの実を摘んできたピッカーには追加のインセンティブを支払うようにしているのです。

コーヒーの収穫は結構大変です。

葉っぱが生い茂るコーヒーの木の中をかき分けて、サクランボより少し小さな実をひとつひとつ手摘みしなければならないからです。時には甘いコーヒーチェリーの香りに誘われた蟻に指を噛まれて手がパンパンに腫れることもあれば、自然豊かな農園では毒ヘビに遭遇することもあります。

国によっては、農園に動物が迷い込むことがあり、象が農園内をゆったりと歩きながら、食事を楽しんでいる姿があります。

私が訪れたインドの農園では大型のバイソンが農園を歩き回っており、私たちに突進してきたのを今でも鮮明に覚えています。あれは、なかなかの緊張感でした。

また、コーヒー農園は山の急斜面にもあります。その斜面でバランスを保ちながらコーヒーの葉っぱをかき分け、一粒のコーヒーチェリーを収穫する。これはなかなか骨の折れる仕事なのです。

収穫期以外は、コーヒーの木に施肥をしたり、剪定をしたり、植え替えのための苗木の準備等、こまめにメンテナンスを欠かさないようにしている農園が多いです。

しかし、小農家が営む農園では、放ったらかしにしている場合があります。彼らにとっては、農園は経営するものではなく、昔からある場所であり、自然の営みとして捉えられているのです。そのため、わざわざ自分の農園に赴いて、コーヒーの剪定を行ったりすることは稀で、結実したら収穫する、枯れたら引っこ抜く、苗木はそこら辺で育っている（実が落ちて発芽した）コーヒーを植えるという、かなりざっくばらんな作業をしています。

コーヒー以外の作物も栽培しているため、コーヒーばかりに目をかけてやれないというのも理由のひとつです。

熟練のピッカーは取り合いになる

完熟のコーヒーチェリーを収穫することは、コーヒーの品質を高める上でとても重要となります。コーヒーの実は一斉に完熟になるわけではないので、収穫時にこれは未成熟、完熟、過完熟を選り分けながら収穫しないといけませんが、この選別の技術は一朝一夕で身につくものではありません。

ピッカーは日雇い労働者であることが多く、大きな農園があるような産地では、スキルの高いピッカーは取り合いになります。

最近では生産者の高齢化、若者の都市部流出、社会情勢不安などの理由で、収穫期に必要なピッカーを雇うことができない農園も出てきました。

例えばアメリカのハワイでは、第一次トランプ政権下で、メキシコ人は国へ帰りましょうという政策が出されました。そのため、もともとハワイでピッカーとして働いていたメキシコ人がいなくなってしまい、収穫量と品質が低下してしまっただけでなく、需要に供給が追いつかず価格の高騰にもつながりました。

集荷業者

コーヒーチェリーを買い取る業者は、加工を生業とする業者だけではありません。生産者と加工業者の間を取り持つ「集荷業者」も重要なプレイヤーの一人です。「仲買人」とも呼ばれます。彼らの仕事は、加工業者が必要とする量や品質のコーヒーチェリーを集めて来ることです。

加工業者にとって、適切な集荷業者を選任することほど重要なことはありません。加工業者が品質にこだわらず、とりあえず一定量のコーヒーチェリーを必要としている場合、集荷業者は自分の知っている小農家が暮らす村に「明日、買い取りに行くから収穫しておいてね」「価格はこのぐらいだから他の農家さんにも知らせておいて」と事前に連絡しておき、その価格で販売したい小農家さんが準備したものを買い取ります。

一方、良質なコーヒーチェリーを求める加工業者の場合、集荷業者は、完熟したコーヒーチェリーを収穫することができる農家さんに絞って連絡して買い取りを行っています。つまり、集荷業者は、どこでどのくらいの収穫量があるか、どの生産者が良質なコーヒーチェリーを収穫するスキルを持っているかをちゃんと把握しているのです。

集荷業者はコーヒーのサプライチェーンにおいて利益の中抜きをしているとして敵視されがちですが、実際のところ、多くの集荷業者が小農家や産地との関係を良好に保つため

ピッカーと集荷業者

に、適正な価格でコーヒーチェリーを買い取っています。

また、集荷業者は加工業者が求める品質と量をきちんと用意するためのネットワークを持っているため、コーヒー産地において、誰よりも土地勘があり細かい生産者の情報を蓄えている人々なのです。

仕事のできる集荷業者であれば、加工業者と専属契約を結ぶなど、より安定した雇用関係を築いています。

ちなみに、集荷業者にはドライビングテクニックに優れた人が多くいます。

コーヒー生産地は、山岳地帯であることが多く、舗装はされていないガタガタ道で急斜面の道が続きます。一歩間違えれば谷底に落ちてしまうような細い道でも、楽々運転してコーヒーチェリーの集荷に向かいます。人里離れた山奥のコーヒーを産地の港まで運び、収穫後できるだけ早い輸出を可能にするには、こうした人々の働きが欠かせません。

加工業者

生産者または集荷業者から集めたコーヒーチェリーに精選処理を行い、生豆の状態に仕上げるプレイヤーが「加工業者」です。

コーヒーチェリーの加工に関しては、第2章で軽く記述しましたが、大きく分けて「ウェットミル」と「ドライミル」という2種類の加工場があります。

ウェットミルではコーヒーチェリーから種を取り出してパーチメントの状態で乾燥させるまでの作業(つまり精選処理)が行われます。ドライミルでは乾燥したパーチメントコーヒーを脱穀し、規格ごとに選別して輸出できる状態にするまでの作業がなされます。それぞれについて見ていきましょう。

ウェットミル

この加工を行う業者は、色々な設備を持っています。コーヒーチェリーの中身を取り出す果肉除去機、取り出したコーヒーの種の周りについているミューシレージを取り除くための水槽、分解されたミューシレージを洗い流すための機械、適切な水分値まで仕上げるためのコーヒー乾燥台や大型のドライヤー等々。それぞれ大型のものから小型のものまで様々なサイズがあり、生産規模によって変わります。

このウェットミルで味わいが大きく変化してくるため、大型の設備になればなるほど品質管理が重要になります。精選処理の各工程で品質管理を担当する人がアサインされており、熟練の技術を駆使して、品質の安定化に努めたり、素晴らしい香味のコーヒーを生み出したりしています。

産地によっては小農家さんが集まって村単位や組合として、小さなウェットミルを所有していたりします。コーヒーチェリーのまま販売するより、自分たちで加工したほうが販売価格を上げることができます。

小農家さんが手作りの木製果肉除去機を持っており、村単位や組合単位ではなく、自分のコーヒーを加工して、販売するという方法をとっている場合もあります。

日本の農家さんにも、作った野菜や果物を農協や卸売市場に販売するだけで終わりのところもあれば、自分たちで商品として加工して消費者に販売するところまで管理するという形態をとっている場合もあります。それと同じようなことが、コーヒー生産地でも起こっているのです。第3章「中米・カリブ編」でお話しした、マイクロミルがちょうどこれに当たります。

MINI COLUMN

産地での精選処理と味わいの関係

スペシャルティコーヒーのお店には、スマトラ式のコーヒーが置いていないということがよくあります。これは、他の精選処理方法と比べると、スマトラ式は鮮やかな酸味にも華やかな香りにも乏しいと思われているからです。

しかしスマトラ式のコーヒーでも、きめ細かい精選処理を行うことによって、完熟マンゴーやパッションフルーツといったジューシーな香味が生まれます。

収穫後の加工については様々な研究が進んでおり、中でも発酵と乾燥の工程は味づくりにとって非常に大切だということが分かってきました。

これらの工程で形成される成分がコーヒーの香味の元になるからですが、それはつまり、精選処理において発酵と乾燥が疎かになると香味は劣化してしまうということです。

実際、コーヒーチェリーから豆を取り出して発酵も乾燥もさせずに（水分値が高い状態で）、焙煎して飲んでみると、穀物を液体にしたような香味がとても平べったく単調なものでした。収穫後の加工過程は、コーヒーの味づくりに必要不可欠なのです。

発酵時間が短いと香味成分が十分に形成されず、良い品質のものが作れません、逆に長すぎると「お酢」のような酸味になり品質が悪くなります。適度に発酵させることが重要になるため、最近ではｐＨ計測器を使用して、発酵時間をコントロールしています。

乾燥工程においては、不十分に乾燥を行うとカビや腐敗のリスクが出てきますし、乾燥しすぎると脆くなり、脱穀時に割れやすいコーヒーになってしまいます。そのため9～12％の水分値まで乾燥させることが重要になります。

ドライミル

ドライミルでは、ウェットミルで精選処理を済ませたパーチメントコーヒーを脱穀して生豆を取り出し、大きさや重さなどで選別を行い、麻袋などに詰めて輸出できる状態まで整えていきます。

乾燥したコーヒー（パーチメント）を脱穀する脱穀機、コーヒー生豆を重さによって選別する比重選別機、サイズを整えるサイズ選別機、欠点豆を取り除くための電子選別機など、様々な機材が必要となります。

コーヒーを市場の求める品質にするためには、このドライミルでの作業はとても重要となりますが、機材ひとつひとつはかなり高額で、小農家さんでは所有することが困難な場合が多いです。

そのため、資本力のある大きな会社が所有しており、ドライミルには輸出機能も兼ね備えている業者がほとんどです。

小農家さんの中には脱穀機のみを所有しており、欠点豆を手で選別して袋詰めしている人もいます。そういった場合も輸出まではできないことが多く、おおよそ国内の焙煎業者や輸出会社へ販売しています。

迅速な出荷と徹底した品質管理がおいしさを作る

ドライミルに運ばれる前の段階では、コーヒーは生豆の状態で保管されるということはなく、パーチメントに覆われた状態で保管されます。パーチメントに覆われた状態の生豆は、外気に晒されないため、劣化が起こりにくいからです。

とはいえ、温度・湿度ともに高い状態で保管してしまうと、品質低下につながりますので、水分値を安定させた後は速やかに輸出をするのが基本です。保管環境が悪いと、コーヒー豆はすぐに劣化した味わい（落ち葉や木皮のような香味）になりやすく、おいしさが半減してしまいます。ウェットミルからコーヒーが運ばれるタイミングを見計らって迅速に船積みができるように輸出会社や船会社と連携して動くことが、コーヒーの品質にも大きく関わるのです。

梱包資材の手配も重要な仕事です。海上輸送に使用するコンテナに海水が浸入してきてコーヒー豆が台無しになることもあります。海水を被ってしまったコーヒーは、日本に着いた時にはカビていることが多く、飲めたものではないですが、過去に一度飲んだ時は、墨汁のような香りになっていました。そのため、コーヒーを麻袋等に袋詰めする時は、グレインプロやエコタクトと呼ばれるバリア性の高いプラスティック袋にコーヒー豆を入れてから、麻袋に入れるようにしています。

ここまでに紹介したのが、栽培から出荷までの工程に関わるプレイヤーたちです。生産者ー集荷業者ー加工業者という流れになっています。

「栽培するだけの生産者」は過去の話

ただし、この流れは一様なものではなく、生産者、特に小農家自身が、集荷業者として活動し、自分たちで小さなウェットミルを設置して精選処理まで行うことも多くあります。また、大農園は栽培から輸出までを自前で行う場合もあります。

生産者自身が、ただコーヒーを栽培しコーヒーチェリーを生産するという時代はすでに過ぎ去り、今では自分たちでできるだけ輸出に近い状態まで仕上げようとする動きが生産地ではよく見られます。小規模生産者のオーナーが農園をいつの間にか輸出機能を兼ね備えた大会社へと成長させている例もあります。

また、農園も加工場も持たずに、「輸出と品質管理のみ」を生業とするような会社も最近では見られるようになりました。彼らは、ウェットミルやドライミルの加工業者と連携して、良質なコーヒーを探し出し、海外のバイヤーに紹介していくという、いわばブローカーのような役割を果たしています。

彼らはそれぞれのドライミルがどのような品質のコーヒーを作り出すか、どのぐらいの量のコーヒーを生産するキャパシティを持っているかといった細かな情報を知っているため、海外のバイヤーからの要望にすぐに対応できるようになっています。

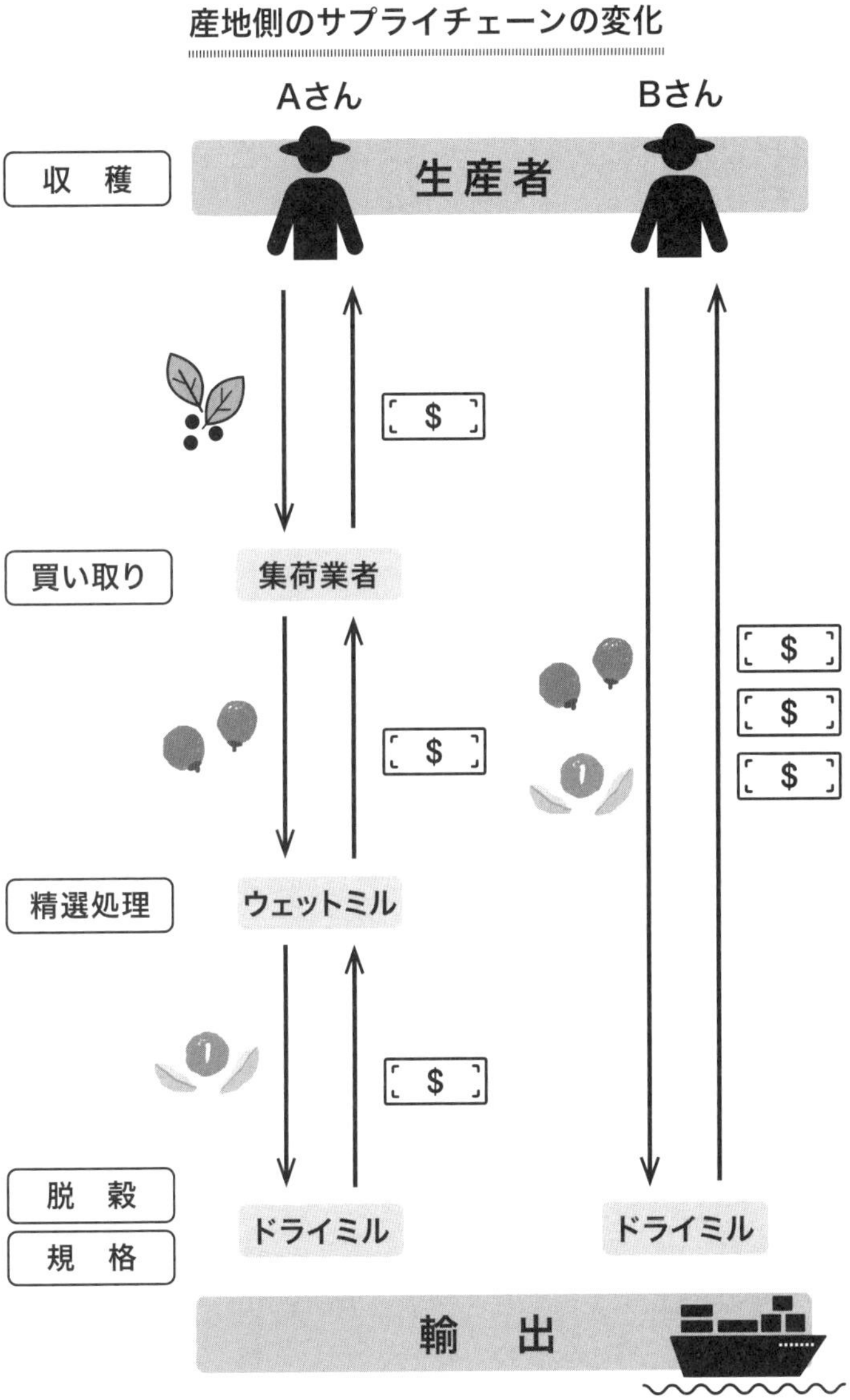

産地側のサプライチェーンの変化

Aさん

Bさん

収　穫

生産者

$

買い取り

集荷業者

$

$

$

$

精選処理

ウェットミル

$

脱　穀

規　格

ドライミル

ドライミル

輸　出

サプライチェーン

生豆の輸送（生産国↓消費国）

続いて、生産国からコーヒー生豆が出荷されてから消費国に届くまでの流れをご紹介します。産地での品質管理を徹底し商品としてまとめ上げる輸出会社、自国のニーズに合うコーヒーを買い付ける輸入会社、生豆を保管しながら流通の拠点となる倉庫業者の仕事を見ていきましょう。

輸出会社

ここからは加工場で出来上がったコーヒー生豆が、日本に届くまでの過程に関わるプレイヤーたちの仕事をご紹介します。

「輸出会社」は、産地から集めたコーヒーを消費国の基準に合わせた「商品」へと仕立てる役割を担うプレイヤーです。安定した品質を維持するための細かい品質管理や、輸出のタイミングを調整するための事務手続きなど、国内外の事情を捉えながら細やかな対応が求められる仕事です。

コーヒーの輸出の時に重要となるのは、輸出会社が、買い手側、つまり、バイヤーのことをどれだけ理解しているかということです。

輸出会社

買い手が求めるコーヒーの品質とは、消費国ごと、またバイヤーごとに少しずつ違うものです。

例えば日本は、消費国の中でも飛び抜けて品質にうるさいので、コーヒー豆のアピアランス（見た目）や香味に関して、日本のバイヤーが求める基準をきちんと理解していないと継続的な取引は難しくなります。

そのため輸出会社は、各バイヤーに合わせた品質をちゃんと均一に仕立てるべく、品質管理を徹底的に行っています。

基本的にコーヒーは、生産者が栽培したものを集めて加工場で精選処理をするわけですから、色々な農家さんのコーヒーが混ざっています。

生産者がその年に作ったコーヒーの品質を見極めながら、安定したひとつの「商品」として仕上げなければならず、そこには、職人技のようなブレンド技術に長けたプロフェッショナルの技が光ります。

ブレンドと聞くと、コーヒー店で行われている焙煎豆のブレンドが思い浮かびますが、生産国側でも品質管理の一環として、生豆のブレンドが行われているのです。

例えば、ある輸出会社の定番商品である、ブラジルのコーヒーに特徴的な「ダークチョコレートのようなフレーバー」を安定的に作り出すためには、ひとつの地域で収穫されたコーヒーだけでは不十分です。なぜならば、毎年の品質に多少のブレがあるからです。

そのブレを補うために、異なる地域の生豆をブレンドしていくわけですが、何百種類とある中から、定番商品の味を再現するためにどのコーヒーが最適な香味を持っているかという観点で、コーヒーの品質を確認しながら、それぞれの割合を決めていきます。

ちなみにこの品質確認の際にはカッピングが行われます。

スペシャルティコーヒーでは、単一農園の生産者の顔が見えるコーヒーが良いとされていますが、様々な種類のコーヒーを集めて一定の品質を保ち、市場商品として毎年出荷することも、コーヒー産業を支える重要な仕事です。

このほか重要となるのは、輸出のタイミングと、コンテナ内のコーヒー麻袋の位置です。

生豆は高温多湿の環境に置き続けると品質が低下します。生産国のほとんどが熱帯か亜熱帯にあるため、コーヒーが港に運ばれ輸出準備が整ったら速やかに輸出することが重要となります。


毎日港から船が出ているわけではないので、ドライミルにコーヒーが届いて輸出できるようになるまでのスケジュールを逆算しながら、船に生豆を載せるためのコンテナの手配に取りかからなければなりません。輸出の船を見逃すと、次の出荷は一週間後といったこともよくあるので、十分に注意しながら輸出の準備を進めています。


また、コンテナの中はとても暑くなりやすいため、直射日光の当たらない場所に置くことが重要です。コンテナ船の一番上にコーヒー豆が置かれてしまっては、直射日光が当たって麻袋の中は蒸し風呂状態になり、海上輸送中に品質劣化が起こってしまいます。

蒸し風呂のような状態で輸送されたコーヒーは、穀物のような香味になり、劣化した味わいとして低評価とされてしまいます。輸出会社は、そういったことも船会社にしっかりと伝え、「船の下のほうに積んでね」というお願いをするようにしています。

コンテナ内部の温度を一定に保つことができる「リーファーコンテナ」を使用すること

もあります。**コーヒーの輸送費は上がってしまいますが、高品質のコーヒーを劣化させずに輸送したい場合には有力な選択肢です。**

輸入会社

「輸入会社」は産地に赴き生産者や輸出会社とのカッピングを行い、日本の市場で売りたいコーヒー生豆の買い付け契約を結び、日本の焙煎業者や自家焙煎店へ販売します。**日本で「コーヒー商社」と呼ばれている会社の多くは、輸入業者のことを指します。**

生産国側では輸出会社が品質管理と貿易手続きに責任を持ちますが、消費国側では「輸入業者」がそれを行います。生豆が滞りなく輸出されているかを常に確認しながら、コーヒーを輸入するまでの過程で輸出会社と様々なやりとりが行われます。

その中で一番大切なのは、176ページにも登場した「サンプルワーク」と呼ばれるものです。

輸出会社から送られてくる、今年出来上がったコーヒーのサンプル品質を確認することを指します。

産地では様々なプレイヤーを介して、コーヒーが輸出できる品質にまで仕上げられるのですが、そのサプライチェーンの中でコーヒーがちゃんと品質管理されてきたかをたった

輸入会社

商品説明のカッピング会

数百グラムのサンプルから判断しなければなりません。

その方法が、カッピングです。良質な味わいになっているかどうか、問題を感じるような香味は出ていないかといった香味的な評価のほかに、サンプルの中に虫や石などの混入物が入っていないか、欠点豆と呼ばれる豆の混入率は許容範囲内か、といったことを確認します。

輸入会社は、商人の目利きのように、香味とアピアランスから「このコーヒーならば自分の国で売れるな」と判断している場合と、国内のバイヤーから「こういったコーヒーを探しているから輸入して欲しい」と依頼を受けて、それに見合うコーヒーをサンプルで判断していく場合があります。つまり、日本国内で求められている品質や価格帯をちゃんと把握していなければなりません。

また、バイヤーが求める品質を用意することができる輸出会社の情報はもちろん、生産者やマイクロミルなどの加工業者の動向まで、産地のサプライチェーンにも通じている必要があります。ものすごい量の情報をしっかりと把握し、売り手と買い手をつなげていく的確な分析力と手際の良さが求められる仕事です。

輸入を決める前には調査に調査を重ねることで、各産地の輸出業者の性格を理解していきます。「こっちの輸出会社は常に良質なコーヒーを提供してくれる」、逆に「あっちはいくら言っても品質が安定しない」などデータを集めます。

実際に輸入する商品が決まったら、遠い産地で起こっていることをちゃんと把握するために、今どの段階まで進んでいるか、輸出会社に逐一確認を行っています。「どこまで進んだ？」「輸出書類は取得できた？」「サンプル送った？　送り状番号教えて？」と、口うるさい親のように確認に確認を重ねています。

なぜならば、放っておくとちゃんとした品質に仕上げてくれなかったり、輸出日に遅れてしまったりするからです。輸出会社の項で挙げた「消費国のニーズをよく理解している」

倉庫業者

業者はとても少なく、日本のように注文したら、注文したものがちゃんと届くというのは、実はすごいことなのです。

倉庫業者

コーヒー生豆が無事に消費国に到着したら、次に重要となるプレイヤーはコーヒーを保管する倉庫業の会社です。

彼らは、日々多くのコーヒーが輸入されてくる港に倉庫を構えることが一般的で、ものすごい量のコーヒーを捌いています。

年間約40万トンのコーヒーが日本に輸入されていますが、60kg入りの麻袋で換算すると、666万袋です。一日当たり、1万8246袋。それだけの麻袋を毎日コンテナから出し、自社の倉庫に種類別に整理し保管しています。また、輸入会社と焙煎業者の間に立って配送車の手配などを行う、国内での生豆配送の流通拠点でもあります。

各倉庫には、フォークリフトを巧みに操り、自分の割り当てられた区画を担当する倉庫番のような方々がいて、彼らが毎日のように、高く積み上げられた（5m以上）パレットの上に載ったコーヒーを出し入れしています。

袋の中身は生豆なので、決して平べったくありません。しかし、それぞれの袋のバランスを確認しながら、丁寧に生豆を管理している彼らの技術はまさに職人技です。

生豆の保存に適した温度は？

世界でも有数のコーヒー輸入国として知られる日本ですが、その日本のコーヒー産業を支えているのは、この倉庫業を行っている人たちでもあるのです。

どれだけ高品質なコーヒーに仕上げたとしても、保管が不十分だと全てが台無しになります。生豆の保管において重要となるのは、その生豆を保管する環境です。湿度は50％前後で温度は20～30℃が良いとされています。生豆は湿度と高温の環境に弱いからです。

そのため、日本にコーヒー生豆が輸入されるとすぐに、空調の効いた定温倉庫に保管され、上記の条件で大切に保管されます。
ちなみに保管環境が不十分だと、カビが発生したり、虫が発生したりして、そもそも販売が難しくなります。また、劣化した味わいになりやすいです。

MINI COLUMN

中間問屋という仕事

輸入会社と焙煎業者の間にはもうひとつ、「中間問屋」というプレイヤーが関わることがあります。中間問屋の役割にはコーヒー生豆の小分け出荷や保管などがありますが、輸入会社や大型の自家焙煎チェーンがこれを兼ねている場合もあります。

個人経営の自家焙煎店やカフェが多い日本において、中間問屋の役割は重要です。コーヒーはコンテナ船で輸送するのが基本ですが、ひとつのコンテナには18トンほどの生豆が積まれます。個人経営の自家焙煎店などでは、そんな量のコーヒーを全て買うことはできません。

輸入会社にも販売できる生豆の最低数量があり、麻袋を小分けにして販売管理をするのが難しい場合が多くあります。

そのような場合は、小分けサービスを行っている問屋から生豆を買い、年間で使用する量のコーヒーをあらかじめ中間問屋さんにお伝えして、保管までお願いすることができます。

中間問屋は、たくさんの自家焙煎店の注文を受けながら、在庫バランスを見て、輸入会社からまとまった量の生豆を購入します。

さらに中間問屋を細分化すると一次問屋、二次問屋といった階層構造になっており、コーヒーの使用量が少ないお店や個人で焙煎を楽しむ人たちでも、二次問屋もしくは三次問屋のおかげで少量の生豆を購入できるようになっています。

小分けをしていくと、外気に触れることが多くなるので、品質の劣化につながってしまいます。そのため、中間問屋さんは、小分けの在庫過多にならないようにかつ、欠品しないように日々在庫管理を行います。品質に異常が見られる時は、販売を中止したり、お客さんにアナウンスをしたりしています。中間問屋の機能はいわば、日本のコーヒー品質の要を担っています。

サプライチェーン

焙煎豆から飲み物として提供されるまで（消費国）

最後は、生豆が焙煎されてからカフェで飲み物として提供されるまでの流れをご紹介します。生豆に向き合い様々な焙煎方法で香味を表現する焙煎業者、コーヒー豆のポテンシャルを捉え消費者に最高のコーヒーを提供するバリスタの仕事について見ていきましょう。

焙煎業者

最後は、消費国に入港したコーヒー生豆が焙煎され、カフェで提供されるまでの流れを見てみましょう。

コーヒー生豆が無事倉庫に入ると、「焙煎業者」のもとに送る準備ができたことになります。焙煎業者のことを最近ではロースターと呼ぶようになりました。このロースターには、街中にあるマイクロロースターから、大手コーヒーメーカーまで様々な規模のものがあります。

マイクロロースターさんたちは、一回の焙煎で１～10kgほどのコーヒーを焼ける焙煎機を持っており、店内にもおしゃれなデザインが施されています。小売りだけでなく、エスプレッソマシーンや様々な抽出器具を取り揃えて、一杯から注文できるようにバリスタが立っているお店もあります。

大規模ロースターとなってくると、基本的には焙煎工場を作り、そこに一回の焙煎で100kgとか300kgを焙煎できるような焙煎機を何台も設置していたりします。

基本的にスーパーや百貨店、カフェチェーン店などへの卸売りがメインとなるため、品質管理を徹底的に行っています。原料の保管、異物混入リスクの排除、パッキングまでの衛生管理などが徹底されています。

コーヒーの味わいは焙煎で大きく変わるので、それぞれのロースターが思い思いの焙煎方法で、香味を表現します。

焙煎方法には様々なものがあり、極端なことを言うと、ロースターごとにその焙煎方法は違います。最初に火力を強くして、徐々に火力を落としていく焙煎方法、逆に徐々に火力を上げていく方法。焙煎時間を短めにするお店があれば、逆に長めにするお店もあります。おおよそ、短時間で焙煎すると酸味と香りが強くなり、長時間で焙煎すると甘みと口当たりが柔らかくなります。

ロースター兼バリスタ

LiLo Coffee Roasters 中村圭太さん

バリスタ

コーヒー豆が見慣れたあの茶色い豆になるまでに、ものすごい数のプレイヤーたちの手を渡ってきているのが、なんとなくお分かりになってきましたでしょうか。

最後にご紹介するのは、カフェに行くとコーヒーを淹れてくれる「バリスタ」です。消費者との接点が最も多く、コーヒー業界の花形的存在です。

コーヒーの味を表現するという点で、抽出方法にもかなりのバリエーションがあります。

エスプレッソマシーンを使うのか、ドリップフィルターを使うのか、ネルドリップか。抽出速度、使う豆の量、お湯の温度等々でも香味に大きな変化をつけることができます。

焙煎されたコーヒー豆をどのような味わいに仕上げようかと考えたり、そのコーヒー豆がどの生産地の、どういった生産者が作ったコーヒーかということを調べたり学んだりしながら、最高の一杯を作り出しているのがバリスタです。

コーヒーのポテンシャルを最大限引き出す、表現者としてのバリスタ

コーヒーの味わいが作られる背景には、生産国から消費国まで様々なプレイヤーの仕事がありましたが、この中でコーヒー生豆の品質がどの部分で決まるかと言うと、基本的には消費国に入ってくる前の段階でほぼ全てが決まってしまいます。

しかし、完璧な品質の生豆が消費国に届いたとしても、そのままでは消費者がコーヒーとして味わいを楽しむことはできません。

コーヒーが輸入されてからも、焙煎業者の焙煎が失敗したり、バリスタが抽出方法を間違ったりすると、そこでも本来の味からはかけ離れたものになります。

バリスタは、産地側でほぼ全てが決まってしまうコーヒーの品質を「ポテンシャル」「個性」「キャラクター」などと捉えて、それを最大限引き出すための努力を重ねています。

それぞれのバリスタの作りたい味わい、提供したいサービスによって、元々あったコーヒー生豆の品質以上のものに仕上げてくれることもあります。

コーヒーを飲んで、産地の状況を把握するのが一流

生豆を輸入して販売している私の会社では様々な産地からサンプルが届きます。一度も会ったことのない生産者から、「ぜひ取引したいから俺たちのコーヒーのサンプルを送らせてくれ」と連絡が来て、コーヒーをカッピングすることがあります。

サンプルから見えてくるものはたくさんあります。

アピアランスからは、「丁寧にサンプルを準備したんだな」とか「結構水分値が高いな」とか「果肉除去機はあまり良いものを使ってないな」など。

また、カッピングをした時の香味からは、「あ、発酵過程に課題がありそうだぞ」や「もう少し乾燥をうまく行えばさらにおいしくなりそうだ」など様々なことが分かってきます。

コーヒーの味わいが分かるようになると、その長いサプライチェーンの中でそのコー

ヒーがどのような旅をしてきたのかということも、自ずと分かってくるのです。

コーヒー業界で長くキャリアを積んでいる方が、「コーヒー産地を訪問して産地の状況を把握するのは二流、コーヒーのサンプルを見てその産地状況が分かるのが一流だよ」と言っていましたが、まさにその通りだなと思います。

コーヒーの味わいを知ることは、コーヒー産地の多様性を知ることにつながるのです。

コーヒーバイヤーの仕事術

新時代の仕事術はコーヒーから学べ

コーヒーの仕事をやっていて、面白いなと思っていることは、予想外なことが予想外なタイミングで起こるということです。こういったことは、大体において悪い問題だったりするのですが、そこを楽しむようにしています。

実際、「なんでそんなことになるん?」と笑ってしまうようなことがコーヒーの産地では度々起こります。

小農家さんたちと集まってコーヒーの買い取り価格を決める場で、ある農家さんがナタを振り回しながら価格交渉に現れたり、コーヒーの苗木の入ったポットを農家さんに配り、発育状況を見に行くと枯れているのでなぜかと調べてみると、ポットのまま入れていて、根っこが腐っていたり、コーヒー栽培のワークショップ中、参加者の一人がいきなり立ち上がり、罵声を浴びせながら演説をし始めたり、いきなり踊り始めたり、マグロが200円で川魚が5000円ぐらいする産地のレストランがあったりと、日本の中で生きていたら味わうことのできない、「なんでやねん」がコーヒーの産地にはあります。

COLUMN

コーヒーのトレーディングの中でも、サンプルを送り間違えたり、Korea（韓国）にサンプルを送ってねと現地のスタッフに頼むとNorth Korea（北朝鮮）に送ればいいですか？と明後日の方向から確認の質問が飛んできたりしました。

また、コーヒーが日本に届き、いざコーヒーの品質を確認してみるとものすごい品質劣化が起こっていたことがありました。産地側になんで起こったのかと原因を聞いてみると、「電気が止まって輸出準備がうまく進まなかった」という返答が一ヵ月後に来たりします。コーヒーのトレーディングというのは、ただ、コーヒーという「モノ」を動かしていることだけでなく、その周りで起こる色々な「出来事」も含めてのトレーディングなのだと身をもって知りました。その中で起こる様々な出来事に喜怒哀楽の「感受性」を持って臨むようにしています。つまり、「好奇心を持つ」ということです。

上記のようなトラブルが起こると、最初は戸惑うのですが、よくよく聞いたり、調べたりしてみると、農園の藪の中をかき分ける時にナタはとても重要なので、いつも携帯している人が多い地域だということや、韓国・北朝鮮の歴史的な背景や現状があまりニュースとして入ってこない地域であることが分かってきます。

海の魚よりも川魚のほうが価値が高く、高級魚として扱われている、ある地域のコーヒー農家さんたちは、「だって川魚のほうが希少性が高いじゃん」とちゃんと需要と供給を肌感覚で感じながら、経済合理性を説いていました。事実、地球上の水の98%が海水で、淡水は残りの2%しかないらしいので、希少性という点から見るとその通りかもしれません。

このように、「なんでやねん」という事柄に好奇心を持って理解しようとすると、自分の視野が新たに広がるきっかけになったりします。

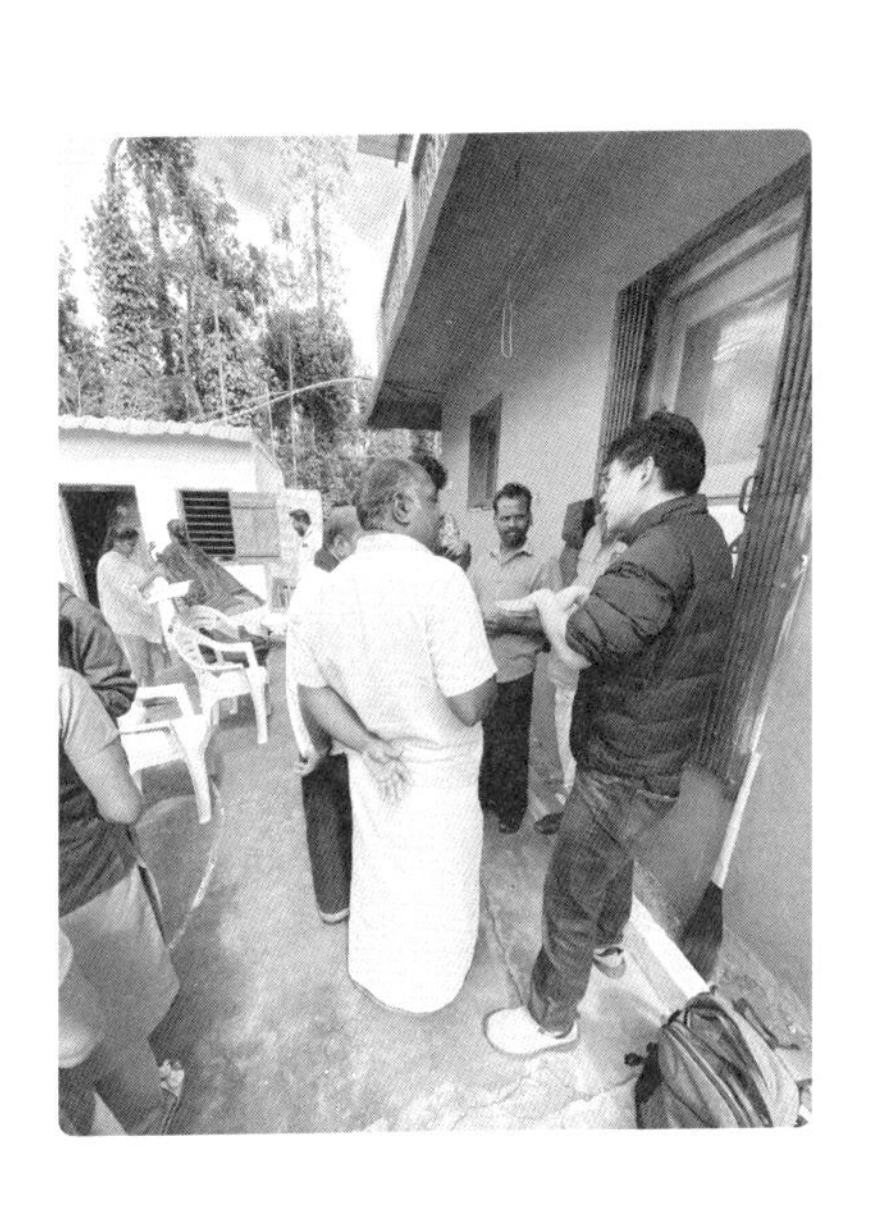

また、「良い意味で期待値を下げる」ということも重要です。私は、生産地で起こる様々な事柄に対しては、心のどこかで「まぁ、しょうがないよ」という思いを持つようにしています。

仕事で部下がミスをした時に、「イラッと」することがあると思いますが、それはその部下に対して「普通このぐらいはできるだろう」という期待があるからです。

イラッとするだけならば、そういった期待は持たないほうがお互いにとって良い関係を築けるでしょう。しっかりと指摘するとともに「まぁ、しょうがないよね」というのを心

に留めておく。自分が仕事でミスをした時も、しっかりと反省しつつ「やらかしちゃったねー」と笑いながら、自分を慰める。こういったことが大切だと思います。

とはいえ、私も日本で仕事をする時は結構イライラすることがあります。そういった時は、「あーいかんいかん、期待を持ちすぎていた」と自分を戒めるようにしています。

また、「期待値を下げる」と「無関心」を取り違えないようにしています。

部下がミスをした時に「期待してないし、知らないし」、これは無関心です。感受性は豊かに、でも期待値は高く持ちすぎない。こういったバランス感覚を持てるように、日々気をつけるようにしています。

なかなか難しいですが、産地での経験があるおかげで、そういった視点を持てるようになるものです。


「好奇心を持つ」ということでもう少しお話をすると、コーヒー以外のことを知ることが大切だなと感じています。

私は19歳の時に「コーヒーで生きていこう」と決めて、毎日コーヒーに関連することだけをやってきました。29歳の時にフィリピンの山奥でコーヒーの栽培の研究を始めた頃、日々関わるのはその地域で暮らす小農家さんたちでした。

山の中で暮らす彼らにとっては、現金収入の確保が何よりも優先されます。私がいるその地域では、コーヒーよりもハヤトウリというウリ科の野菜の一大生産地で、そちらの栽培が優先されていました。そのため品質を上げる啓発を行っても農家さんたちはあまり興味を持ちませんでした。

また、雨季には土砂崩れが起きたり、乾季には山火事が起こったりして、生活そのものが脅かされることが多くありました。

コーヒーが別の現金収入になるので、それに力を入れていくほうがきっと収入も上がり、山が守れるため土砂崩れ等が軽減され環境も良くなるのですが、そういったことを理解してもらうためには、いくつかのステップをクリアしていく必要があります。単に、本に書いてあるようなことを杓子定規に伝えても、理解してもらえないことが多いからです。

そのステップの中で重要になるのが、彼らと仲良くなること。

彼らの文化、生活を知ることです。そこで暮らす人々が何を大切にして生きているのか、その大切にしているものを自分も敬意を持って大切にしようと心がけるようにしています。

彼らが話す言語をできるだけ知ろうとしたり、出される食事がどうやって料理されたものかを教えてもらったり、家族構成を聞いたり、子どもの数を聞いたり、結婚式はどのように行うのかをヒアリングしていると徐々に彼らの中心にあるものが理解できます。

コーヒー以外の領域にもちゃんと目を向けて、興味を持ってそれに臨むことが、コーヒーを生業とする人、特に産地に赴くバイヤーには求められます。

珈琲
COFFEE

日常のコーヒーをもっと楽しむ

これまでに学んだコーヒー知識で、いつもの一杯をもっと楽しむためのコツ。

コーヒーの淹れ方、選び方、歴史の語り方——ほんの少し視点を変えるだけで、日々のコーヒーがもっと豊かなものになるはずです。


そして、コーヒーをめぐる物語は、生産地へと広がっていきます。

そこには、遠い国の農家さんの生活や、彼らのストーリーを伝える人々の姿があります。

私たちがコーヒーを「知る」ことは、どんな未来につながるのでしょうか?

第6章

～淹れ方、選び方、歴史～
いつものコーヒーが違って見える、知識と楽しみ方

淹れ方

おいしいコーヒーを淹れるための味わい調整のポイント

プロの味を再現するために意識するポイントは3つだけ！

本章では、日々のコーヒーとの付き合い方が変わるようなコーヒー知識と楽しみ方をご紹介します。普段何気なく飲んでいるコーヒーの新たな魅力に気づくことができると思います。

まずは淹れ方からです。コーヒーの本やネット記事には、だいたい「おいしいコーヒーの淹れ方」が書いてあります。しかし、その通りの方法で淹れても、コーヒーがおいしくならなかったという経験はありませんか？

ここでは、お店で買ったコーヒー豆を自分で淹れる時に、好みの味わいに近づけるコツをご紹介します。

コーヒーを淹れることを「抽出」とも呼びますが、これはコーヒー豆に含まれる味や香りの成分を取り出すための作業です。その主な方法は透過式と浸漬式です。

透過式：ハンドドリップの要領で、お湯をコーヒーの粉に「通す」方法。短時間で抽出できる。

浸漬式：フレンチプレスなどで、コーヒーの粉をお湯に「漬け込む」方法。比較的簡単に抽出ができる。

コーヒー豆には油分が含まれていますが、透過式で抽出を行うとそのほとんどがペーパーフィルターによって吸着させられるので、抽出されたコーヒーは口当たりがさっぱりとした味わいになります。

一方の浸漬式は、油分も一緒に抽出するためボディ感をしっかりと味わうことができるコーヒーになります。

抽出する際に使用する器具にも様々あり、それぞれに個性があるため、自分に合ったものを見つけるのもコーヒーの醍醐味のひとつです。

ここではその器具ひとつひとつをピックアップすることはできませんが、コーヒーを抽出する時に重要な3つポイントをお伝えします。それは、コーヒー豆とお湯の量のバランス、豆の挽き目、そして抽出に使用するお湯の温度です。

①コーヒー豆とお湯の量：両者のバランスから味の方向を定める

コーヒーの味は、豆とお湯の量のバランスによって大きく変わります。

一般的にはコーヒー一杯（約120cc）には10gのコーヒー豆の使用が目安となります。コーヒー豆を増やすと濃厚な味わいになり、酸味やフレーバー、苦みなどが強まります。逆に減らすと、マイルドな味わいになります。

また、お湯が多すぎると味が薄まり、逆に少なすぎると香味成分の抽出が不十分になります。

まずはお湯の量を一定にして、使用するコーヒー豆の量を変えてみることで、どの程度の味の濃さが好みかを探ってみましょう。

②コーヒー豆の挽き目：挽き目が細かいほど味が濃くなる

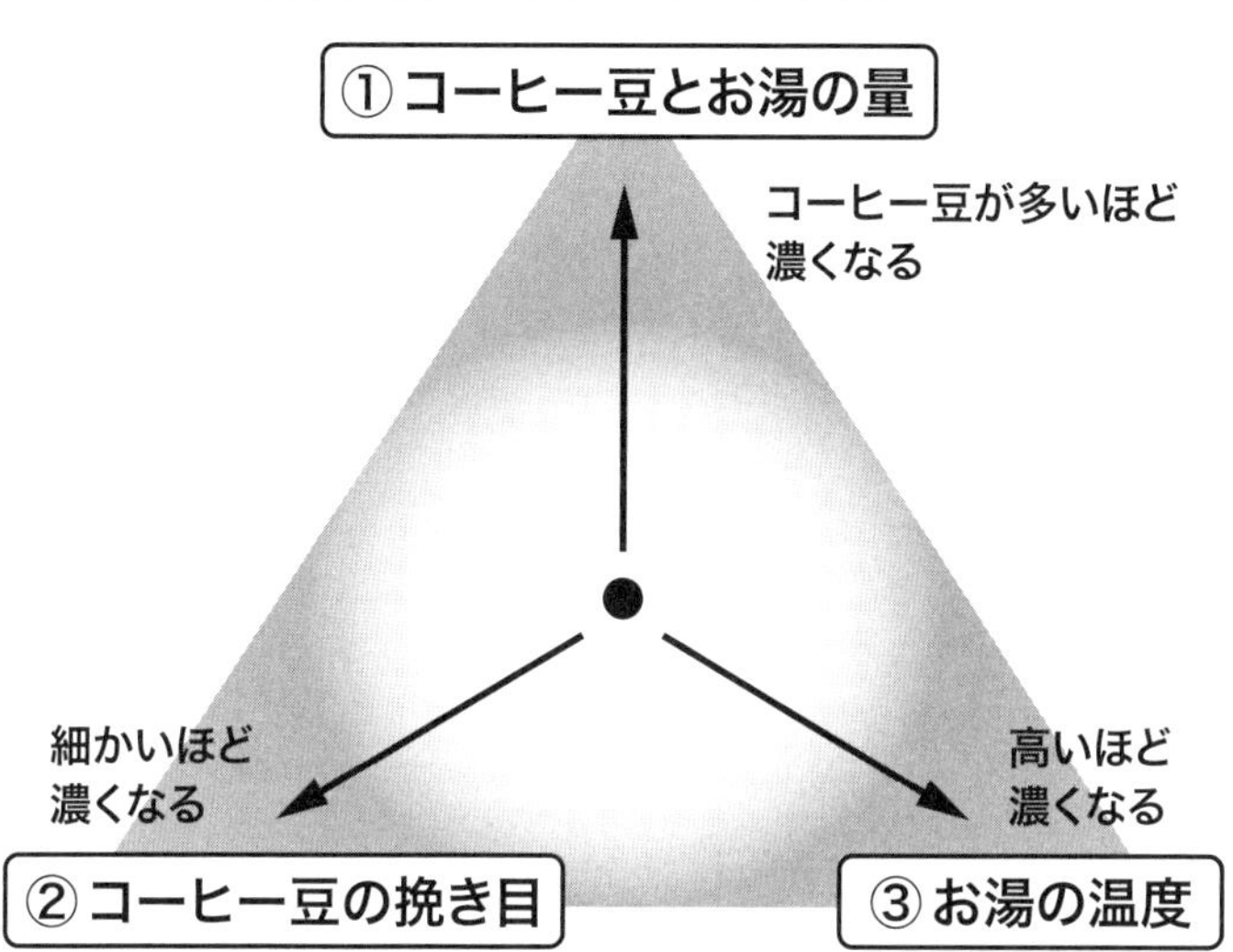

コーヒーの香り成分は全てコーヒーに含まれているので、そのコーヒーにどれだけお湯が浸かっている状態になっているかで香味が変わってきます。

コーヒーを抽出する時にはコーヒー豆を挽いて粉にしますが、その挽き目の細かさによって、味が大きく変わってきます。

基本的に、細挽きは味わいが濃くなり、渋みも出やすいです。

反対に、粗挽きは味が薄くなり、さっぱりした味わいになります。

これはコーヒー豆の粒度が細かくなるほどお湯に触れる面積が増えるので、様々な成分が抽出されやすくなる一方、粒度が粗いと抽出成分が比較的少なくなるためです。

③お湯の温度：温度が高いほど豆の成分が出やすい

抽出するお湯の温度でも大きく香味が変わってきます。高い温度で行うほど、コーヒーの成分を抽出しやすくなるため、豆に含まれる酸味やフレーバーなどの香味成分を強く出したい時には95℃以上の高温で抽出することになります。逆に苦みなどを抑えたい時には75℃くらいの低温で抽出します。

コーヒーには渋みの元になる成分もたくさん含まれているため、そういった香味を抽出しないように、かつ必要な成分を抽出するというアクロバティックな抽出技術が求められます。

コーヒー豆とお湯の量のバランス、コーヒー豆の挽き目の細かさ、お湯の温度という3つの変数をどう組み合わせると、この豆はおいしくなるかと考えていくのがコーヒーを淹れる醍醐味でしょう。

その意味で、コーヒーの淹れ方に正解はありません。色々な淹れ方を試しながら、ご自身の好みに合うものを探してみてください。

おいしいコーヒーを淹れるコツをロースターさんに聞いてみた

“コーヒーは人が作っている” BASE COFFEE 加藤仲謙さん

Q カフェの味わいを自宅で再現したい時、どうするのが良いですか？

まずは、コーヒー豆の状態で購入し、淹れる直前に粉にすることです。コーヒーミルの購入や使用にハードルを感じる方も多いと思うので、そんな時はグラインド機能付きのコーヒーメーカーの購入がおすすめです。

おいしい水と豆さえセットすれば、ボタンを押すだけでとてもおいしいコーヒーの出来上がりです。

そして何より、水に投資することです。コーヒーの味は、抽出に使用する水の質によって大きく変わるので、市販のミネラルウォーターを使うとカルキ臭さがなくなり、味が良くなります。

水道水を使用している方は、業務用の浄水器を設置すると、お店で飲むコーヒーの味わいにぐっと近づきます。浄水器といってもシンクの下に少しのスペースがあれば、簡単に取り付けられるので、ぜひ試してみてください。

〝コーヒーを通して見えてくる景色や視点を届けたい〟

MOUNT COFFEE　山本昇平さん

Q コーヒーを淹れ始めたばかりの人がハマりがちな落とし穴はありますか？

お店で試飲したコーヒー豆を購入されたお客様からこんな質問がありました。

「お店で教えてもらった分量通りに豆とお湯を準備してコーヒーを淹れたけれど、試飲時よりも濃い味になった。もう一度きちんと分量を計り直して淹れてもやはり濃いままだった。お店で飲んだような味にするにはどうすれば良いか」

そんな時には、注ぐお湯の量を多くして抽出量を増やすか、使用するコーヒー豆の量を減らすことで、より薄めの味わいにすることができます。

淹れ方のマニュアルはあくまで参考程度に留め、柔軟な発想を持って自分の感覚で味わいの調整を重ねていくことが大切です。

同じ豆でも挽き目や抽出時間を少し変えるだけで、驚くほど味が変わります。コーヒー豆はこのような微調整を常に必要とするということを理解しつつ、マニュアルはあくまでスタート地点として、そこから「今日はちょっと酸味を強調したいな」とか「もう少しコクを出したいな」といった気分に合わせて調整することで、より深くコーヒーを楽しめるようになります。

選び方 1

コーヒーをもっと楽しむためのメニュー解読法

コーヒー通がメニューから読み取っていること

立ち寄ったカフェでメニューを開いた時、ずらりと並んでいるコーヒーの種類と、たくさんのカタカナ語に圧倒され、「どれを注文すればいいのか分からない……」と迷った経験のある人も多いのではないでしょうか。

コーヒー豆の商品紹介欄からは、生産国や銘柄、品種や生産処理、味のイメージなど、コーヒーを楽しむためのたくさんの情報を読み取ることができます。

ここでは、コーヒー屋さんでよく出てくるキーワードやメニューを手掛かりにして、日々のコーヒーの楽しみ方を広げていきましょう。

①スペシャルティコーヒーかどうかを見分ける方法

まずは、コモディティとスペシャルティを見分ける方法をご紹介します。メニューに載っている商品がスペシャルティコーヒーかどうかを見極める際に重要なのは、商品紹介欄の情報量の多さです。

そのコーヒーが「どこで、誰が、どのように作ったか」が説明されていることがポイントです。例えば、スペシャルティコーヒーの場合、下記のような情報が記載されていることが多いです。

生　産　国：ブラジル
生産地域：ミナスジェライス州　マンチケーラ・デ・ミナス　ランバリ
農　園　名：ヴァルジェムグランデ農園
生　産　者：カルロスさん
標　　　高：1100m
品　　　種：ブルボンアマレロ
精選方法：ナチュラル・プロセス

乾燥方法：アフリカンベッド
栽培方法：シェードグロウン
収　　穫：○○年8月
輸出規格：No.2, S17/18
香　　味：ベリー、いちご、ナッツ、キャラメル

この場合、

「どこで」は、ブラジルのミナスジェライス州マンチケーラ・デ・ミナス地区のランバリという産地にある標高1100mのヴァルジェムグランデ農園です。

品種はブルボンアマレロとなります。

「誰が」は、カルロスさん。

「どのように作ったか」は、シェードグロウン（背の高い木々で日陰を作る栽培方法）で栽培されたコーヒーを8月に収穫して、ナチュラル・プロセスでアフリカンベッドの上で乾燥させて作った、となります。

商品をひとつ見ても、これだけの情報量が盛り込まれており、さらに細かく、例えば「生産者」のところに「カルロスさんがどういった人物なのか」という説明をしている場合も

あります。コモディティコーヒーにはこうした情報が記載されていることは基本的にありません。

このように、商品ラベルから情報を読み取ることで「誰がどのように作ったか」を知ることも、コーヒーを選ぶ際の楽しみ方のひとつです。これを知ることで、産地にも興味が出てくるのではないでしょうか。そんな時は本書の第1部や2部に戻ってみると、新しい発見があるかもしれません。

② 代表的な銘柄の味わいと、ブレンドの面白さ

マンデリンやモカという言葉を喫茶店で耳にしたことがあると思いますが、これらはいわゆる銘柄のことです。ブラジル、コロンビア、グアテマラと表記しているお店もありますが、同じ豆のことをそれぞれサントスNo.2、スプレモ、アンティグアと表記しているお店もあります。

これらは、日本にコーヒーが広がる頃から、徐々に産地やその港の名前、輸出規格などの名前で呼ばれるようになり、そのまま商品銘柄になったという歴史があります。

商品情報の読み方

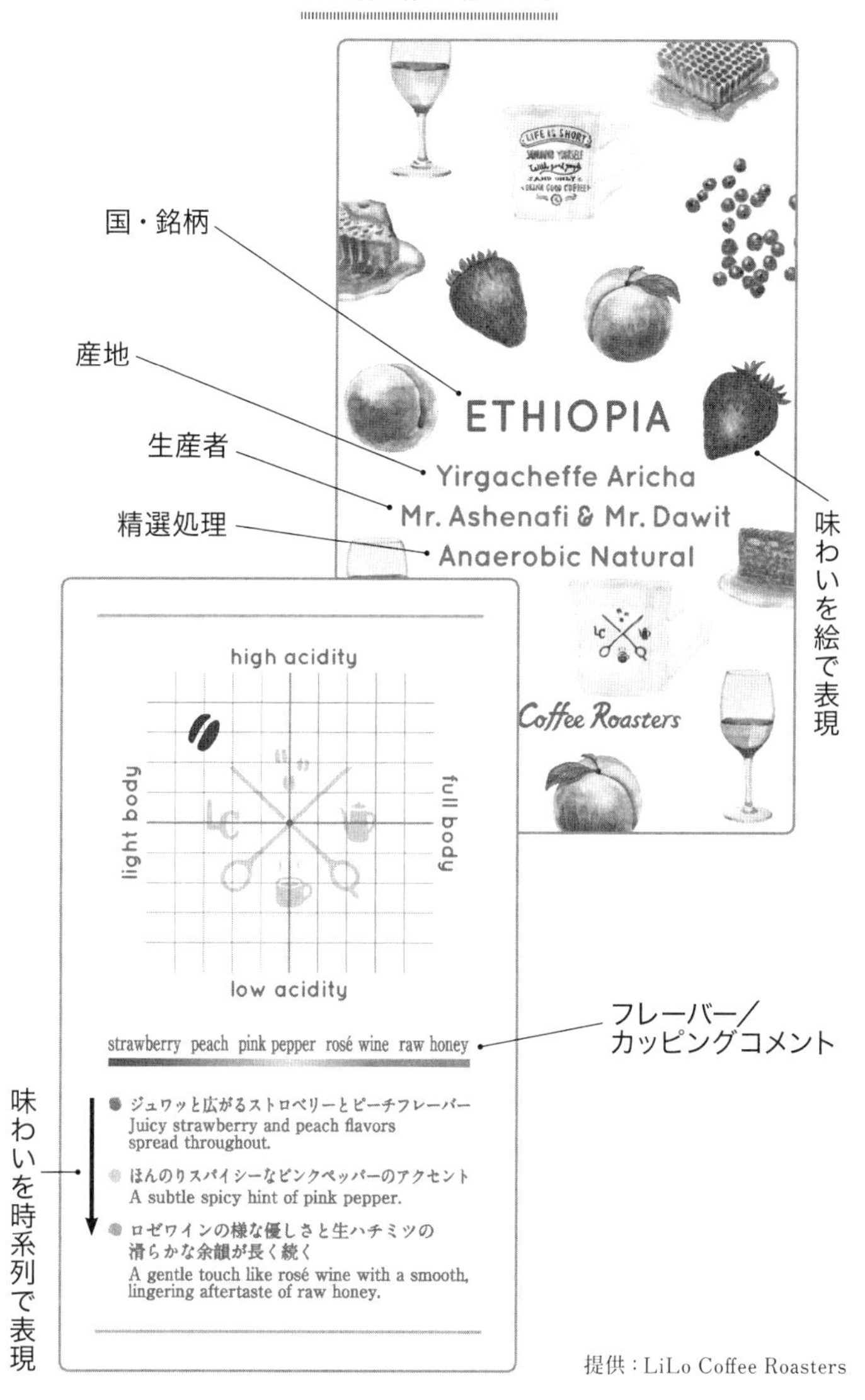

提供：LiLo Coffee Roasters

サントスNo.2（ブラジル）

サントスNo.2は、ブラジルの輸出港「サントス」と輸出規格がそのまま名前になったものです。「No.2」とは、ブラジルの輸出規格の中で一番上の等級を表すものです。ブラジルらしい、香ばしいナッツのような香りと穀物に感じる甘みがある味わいです。

スプレモ（コロンビア）

スプレモも、同じくコロンビアの輸出規格に由来しており、コーヒー豆のサイズが一番大きなものをスプレモと言います。水洗式ならではの柑橘系の酸味とコクに特徴があるコーヒーです。

アンティグア（グアテマラ）

アンティグアは、グアテマラの産地の名前からつけられた銘柄です。今でもアンティグア産のコーヒーは人気が高く、特にアンティグア産のものに「ブルボン」という品種を指定したコーヒーがよく売れています。コロンビアと同じく酸味を感じられますが、ブルボン品種特有の厚みのある甘さが特徴的です。

マンデリン（インドネシア）

マンデリンは、深煎りされることが多く、苦みが特徴的なコーヒーというイメージがあります。マンデリンの精選処理「スマトラ式」によって作られる香味が、深煎りにすると独特な苦みに変わることで知られていたからです。

しかし最近では、浅煎りで提供するお店も増えました。浅煎りにすると、ジューシーで完熟フルーツのような香りと甘みを感じられ、マンゴーのような印象を持つコーヒーとして人気が広がっています。

モカ（イエメンまたはエチオピア）

モカは、イエメンに昔あった港の名前から来ています。アラビア半島に位置するモカ港は、16～17世紀にはコーヒー貿易の拠点でした。イエメンだけでなく、エチオピアのコーヒーもモカ港から輸出されていたため、両者とも「モカ」という名前で呼ばれるようになったようです。イエメン・モカは、ヨーグルトや乳酸のような酸味があり、ローストナッツのような香ばしさが特徴的です。

一方、エチオピア・モカはスパイシーなハーブ系の香りとフローラルさを感じるコーヒーです。主に北部の「ハラー」という産地のコーヒーに使われる銘柄で、南部の「イルガチェフェ」産のものはモカとは呼ばれません。正確な理由までは分かりませんが、おそらくエチオピア北部にあるハラーのほうが距離的に港と近く、より多く流通していたからだと思われます。

次ページに代表的な銘柄を一覧にしたので、お店でコーヒーを選ぶ時にお使いください。


こういった、単一の銘柄や産地のコーヒーのことを「ストレート」と表現します。

一方、色々な産地のコーヒーを混ぜたものを「ブレンド」と言います。単一産地の香味を楽しむのではなく、さまざまな産地の香味をうまく組み合わせて作り出す味わいは、そのお店ならではのコーヒーとなります。いわば、看板メニューです。私は自家焙煎のお店に行ってメニューに「ブレンド」がある場合は、必ずそれを注文するようにしています。その店の味づくりの一端を知ることができるからです。

例えば、酸味に特徴のある産地と、香りがとても華やかな産地、そして落ち着いた味わいの産地のコーヒーを混ぜ合わせることで、単一の産地では作り出せない、立体的で広がりのある香味が出来上がります。この味づくりは、組み合わせる産地や配合の割合を変えることで無限に広がります。

好みの味わい探す時、コーヒー豆を自分でブレンドしながら見つけるというのもコーヒーの楽しみ方のひとつなので試してみてください。

コーヒーの代表銘柄

モカ（イエメンまたはエチオピア）	イエメン・モカは、「イエメン・モカ ハラズ」や「イエメン・モカ マタリ」などの銘柄、エチオピア・モカは、「エチオピア・モカ ハラー」などの銘柄がある。
マンデリン（インドネシア）	インドネシアのスマトラ島北部で採れたコーヒーのみを指す。土っぽさとジューシーな完熟フルーツの香りと甘みを持っており、深煎りにすると独特の苦みを持つため、アイスコーヒーによく使用される。
サントス No.2（ブラジル）	ブラジルの輸出港「サントス」と輸出規格がそのまま名前になった。ブラジルらしい、香ばしいナッツのような香りと穀物に感じる甘みが特徴。
スプレモ（コロンビア）	コロンビアの輸出規格に由来し、コーヒー豆のサイズが一番大きなものをスプレモと言う。水洗式ならではの柑橘系の酸味とコクに特徴がある。
アンティグア（グアテマラ）	グアテマラのアンティグアという地域産のコーヒー。「ブルボン」という品種を指定したコーヒーが人気。酸味だけでなくブルボン品種特有の厚みのある甘さが特徴的。
キリマンジャロ（タンザニア）	タンザニアとケニアの国境に聳え立つ5895mのアフリカ最高峰として知られるキリマンジャロの山周辺で収穫されたコーヒーを指す。酸質が良く、鮮やかでフルーティな印象。抹茶のような香りも特徴的。
ブルーマウンテン（ジャマイカ）	言わずと知れた高級銘柄。カリブ海に浮かぶ小さなレゲエの島の、ブルーマウンテン山脈周辺、かつ標高が800m以上の農園で収穫されたコーヒーのみにこの名前がつけられる。香味的な特徴が強くあるわけではなく、酸質が柔らかくほのかに甘みを感じるソフトな印象のコーヒー。「英国王室御用達」というフレーズでブランディングしていった結果、高級豆としてのブランディングに成功しており今でも高い価格を維持している。
コピ・ルアック	ジャコウネコという動物が食べたコーヒーの種を糞の中から取り出し、水処理した稀少銘柄。ジャコウネコが生産者とも言えるこのコーヒー加工法はインドネシアで始まったが、現在は他の産地でも行われている。ジャコウネコだけでなく、ほかにも象に食べさせたものや、コウモリにかじらせたものもある。

選び方 2

新しい味に出会うために知っておきたいコーヒーのトレンド

① デカフェ：カフェインレスでもおいしいコーヒーが飲める

ここでは、コーヒーを選ぶ時に知っていれば、いつもと違った味のものにチャレンジしたくなるような、コーヒーのトレンドをご紹介します。

カフェインは体に良い効果をもたらすことも多いですが、摂取しすぎると健康に悪影響が出る場合もあります。

生活改善の一環で、夜はカフェインを取らないという方が増えてきましたし、妊娠している方はカフェインを控えるようにと言われるようになり、カフェインが入っていない「デカフェ」のコーヒーのニーズが高まっています。

デカフェは、コーヒー生豆からカフェインを取り除くことで作られます。その方法は、「液体二酸化炭素除去法」「超臨界二酸化炭素抽出法」「マウンテンウォーター／スイスウォーター抽出法」と呼ばれるもので、水や二酸化炭素を利用して、カフェインを除去しています。

最近では、スペシャルティコーヒーを使用した、品質の高いデカフェが作られることも増え、スペシャルティコーヒーの香味を残しながらデカフェのコーヒーを楽しめるようになってきました。

輸入統計データで見ると、２０００年には６００トンほどだったカフェインレスの輸入量は、２０２３年には、３８００トンにまで増加しています。


デカフェを選ぶ際に重要なのが、カフェイン除去処理をしてからどのぐらい日数が経っているかです。処理はコーヒー生豆に大きなストレスをかけます。そのため、処理後、時間が経つと生豆に含まれる香味の元となる揮発性の成分が空気中に抜けやすくなります。

デカフェは処理したてがおいしいということを覚えておきましょう。

処理してから３ヵ月以内のものが一番味わいが良く、半年以上過ぎると「プロセス臭」と呼ばれる、ふかし芋のような香りが前面に出てきやすくなります。実際、ドイツで加工されてから半年が経ったデカフェと、日本で加工されてすぐのデカフェを飲み比べましたが、日本で加工されてすぐのコーヒーのほうが圧倒的においしかったです。

② 特殊な発酵プロセス：発酵の技術を用いた新たなコーヒーの味づくり

メニューや商品ラベルにはコーヒーの生産地や栽培方法が特定できる情報以外にも様々な表記が並んでいます。スペシャルティコーヒーにさらに特徴的な香味をつけようと、精選処理の技術革新が進んでいます。

特に、コーヒー生豆の発酵処理についての研究が進み、108ページでご紹介したアナエロビック発酵のほかにも、様々な発酵処理を施したコーヒーが生まれているのです。

こうした加工法で作られたコーヒーは、とてもフルーティで香味が強く、コーヒーのことがよく分からない人でもすぐに違いを感じることができます。その中から代表的なものをご紹介します。

カーボニックマセレーション：チェリー味が口の中に優しく広がる

この加工法では、収穫したコーヒーチェリーを密閉容器の中に入れ、そこに二酸化炭素を注入することで人工的に嫌気性（無酸素）の環境を作り出します。そうすることで、嫌気性の環境で活動する微生物だけを残すことができ、また容器内の温度と湿度をコントロールできるため、コーヒーチェリーの発酵を細かくコントロールできます。

果肉除去後のコーヒーを発酵させる準備

通常、2週間ほどかけてゆっくりと微生物が活動できるようにコントロールします。バリスタチャンピオンシップで優勝したバリスタがこの加工法で作られたコーヒーを使用したことがきっかけとなり、世界中の生産国で試されるようになりました。

ワイニーナチュラル：ワインのような芳醇な香りと発酵感を楽しむ

これはナチュラル・プロセスの一種で、乾燥を3段階に分けてゆっくりと行うことで、コーヒーチェリーの発酵度合いをコントロールします。通常のナチュラル・プロセスよりも、強い赤ワインのような印象になるコーヒーが出来上がります。

ただ、乾燥時間が長すぎたりして失敗すると、通常のナチュラル・プロセスとあまり変わらない印象になったり、逆にブルーベリージャムが発酵したようなとても強い、というか強すぎる香りになるため、高度な技術が必要な方法となります。

ダブルファーメンテーション：梅酒のような香りと豊かな味わいを楽しむ

こちらもナチュラル・プロセスの一種で、収穫したコーヒーチェリーをそのまま乾燥させるのではなく、プラスティックの袋に入れて日陰に数日間置いておきます。そうすることによって、嫌気性に近い状態で発酵がゆっくりと進みます。

その後、ゆっくりと天日乾燥を行います。1回目と2回目の乾燥中に進む、嫌気性発酵と好気性（有酸素状態の）発酵をうまく組み合わせた方法です。

こうすることで、梅酒のような香りがあり、豊かな味わいを作り出せます。しかし、こちらもタイミングを間違えると、醤油や玉ねぎのような強い香味になりすぎるため、高度な加工技術が必要となります。

インフューズドコーヒー：フルーツジュースのような味わいに驚く

インフューズド（漬け込んだ）という言葉から生まれた方法です。

果肉除去したコーヒーにフルーツワインを追加して発酵させることで、そのフルーツの香りがコーヒーに付着し、まるでフルーツジュースのような香りがするというものです。フルーツをそのまま入れて漬け込むのではなく、フルーツワインにしてから漬け込むのがポイントです。

私も産地で何度か試しましたが、フルーツをそのままコーヒーと発酵させても同じような香味にはなりませんでしたが、パッションフルーツワインで試したところ、ちゃんとパッションフルーツのような香りになりました。

コーヒーが発酵している間の化学反応

コーヒーの発酵を化学的に説明するのは大変ですが、簡単に言うと、「微生物が、酵素によってコーヒーの成分を分解し、エネルギーとして取り込む際に生成されるエステル化合物が、コーヒーのフルーティな香りになっている」ということです。もっと簡単に言うと、発酵によって「コーヒーの香りの元」が作られるのです。

コーヒーの発酵で主役となる微生物は、イースト菌とバクテリアです。それらが最初に分解するのは、コーヒーに含まれているスクロース（糖）とペクチン（ミューシレージのこと）です。これを分解すると、グルコースとフルクトースとなり、イースト菌はこのグルコースを細胞内に取り込み、エネルギーとしています。

分解後に出てくる代謝副産物がピルビン酸。このピルビン酸が今度は、ピルビン酸デカルボキシラーゼという、ピルビン酸から二酸化炭素を遊離させアセトアルデヒドを得るための酵素、除去付加酵素となります。

そして、アルコールデヒドロゲナーゼと反応して、エタノールが生成されます。このアセトアルデヒドとエタノールがさらに反応し、acidic acid（例えばクエン酸、乳酸、酢酸など）を生成します（この量が少ないとフルーティな香り、逆に多すぎると腐敗したような香りになるようです）。

また別の反応で、このピルビンがミトコンドリア内に取り込まれ、エネルギーを生成する過程で、コエンザイムAと反応して補酵素酸を生成、それがクエン酸回路によってエネルギーを作るとともに、この補酵素酸Aはアルコールを作り出し、その作り出したアルコールと反応して、エステルを作ります。このエステル化合物には、様々な香りがするものがあり、パイナップル、りんご、ぶどう、バナナといった香りがします。

「何のことだかさっぱり」という方がほとんどだと思います。実は、私もよく分かっていません。けれども世界には、「コーヒーの味わいや香りがなんでこんなにもバリエーションが豊かなんだろう」ということを研究している人々がおり、そういった人たちのおかげで、新たなコーヒーの香味に出会うことができています。化学というレンズを通してコーヒーの世界を見た時、また違った面白さが見えてきます。

③ オークション・品評会受賞品：1kg8万円のコーヒーが売れる理由

コーヒー屋さんで「ＣＯＥ○位受賞」と書いてある商品を見かける機会が増えました。ＣＯＥとはカップオブエクセレンスの略称で、Alliance for Coffee Excellence（通称ＡＣＥ）と呼ばれるそのＮＰＯ団体が「良質なコーヒーの提供と透明性のあるトレーディング」を目指して世界各国で主催しているコーヒーの品評会のことです。

毎年、各コーヒー産地国でおよそ３００種類のコーヒー訓練を受けた品質評価者（Ｑグレーダー）たちによって審査され、順位がつけられています。

品質とともにそのコーヒー生産者の細かな詳細情報を開示し、良質なコーヒーを生産した生産者にスポットライトを当てて、その品質を作り出した努力に見合った報酬を提供しています。

売買はオークション制を採用しており、世界中のバイヤーからの入札によってコーヒーの価格が決められます。一般的なコーヒー取引の何倍もの高値で落札されることが通例です。

このカップオブエクセレンスの影響を受けて、現在では、いくつかのコーヒー生産国で、独自の品評会を開催し人気を集めています。例えばエチオピアのGesha Village農園が主催するオークションでは、2023年の高値が1kg当たり8万円ほどになりました。

④ 認証コーヒー：JASやFLOなど生産者に利益を還元する

現在では、コーヒーを品質で判断する以外に、認証コーヒーというものがあります。例えば、有機認証、フェアトレード認証、レインフォレストアライアンス認証などです。それぞれの基準に従って審査され、合格となったものに認証が与えられます。

有機認証には有機JAS（日本向け）、USDA有機（アメリカ向け）、そしてEU有機（ヨーロッパ向け）が大きく存在します。それぞれの国の農業省等が有機栽培に関する基準を設けて、毎年、監査官を派遣して有機栽培に関する認証を付与しています。

フェアトレード認証は、FLO（Fairtrade Labelling Organizations International）が

主体となって付与していた認証です。現在では、ＦＩ(Fairtrade International)となっています。この認証は、コーヒー売買の最低価格を設定したり、そのコーヒーがどのように取引されたかという記録を審査した上で与えられるものです。

レインフォレストアライアンス認証は、Rainforest AllianceというＮＰＯが、「社会・経済・環境」の観点から、コーヒー栽培が生産者にも環境にも良い影響を与えているかどうかを決められた基準に則って調査し、認証を付与しています。

このような認証によって、輸出規格や香味といった基準ではなく、「産地に利益を還元できるか」という観点でコーヒーを選ぶこともできるようになりました。

このことは、コーヒーを知るための新しい視点を与えてくれます。高品質なコーヒー、値段の高い高級なコーヒー、これらを選ぶのも楽しみのひとつですが、たまには産地を考えながら選んでみること。そういった第三の楽しみ方をするきっかけにもなるのではないでしょうか。

歴史

サラッと語れる、日本とコーヒーの歴史

1920年代、喫茶店ブームのきっかけはブラジルの生産過剰

本章の最後に、日本とコーヒーの歴史についてご紹介します。

日本で最初の喫茶店、可否茶館（かひさかん）ができたのは1888年ですが、全国にコーヒー文化が広がっていくのは1920年代のことです。

その少し前、1908年にブラジルへの移民政策が始まった頃、ブラジル政府から毎年1000俵のコーヒーが日本へ無償で3年間提供されることが決まりました。これをきっかけとして、1911年には「カフェーパウリスタ」が開店し、一杯5銭という安価でコーヒーが提供されました。

この頃から第二次世界大戦までの約30年間に、カフェや喫茶店が数多くできました。

１９３７年にはコーヒー生豆の輸入量が８５７１トンとなり、可否茶館ができた頃（年間で18トン程度）と比べると、コーヒー文化が日本にも浸透していったことが分かります。

終戦後１９６０年代に第二次コーヒーブーム到来！

第二次世界大戦が始まる前年の１９４４年には、「コーヒーは贅沢品だ」として輸入が禁止されました。１９５０年には輸入が再開されましたが、当時の輸入量は40トン程度と少ないものでした。

しかし、１９６０年にコーヒーの輸入が自由化されると、空前のコーヒーブームが到来します。

現在では大手の焙煎メーカーとなったＵＣＣ上島珈琲株式会社はこの時期に喫茶店を開業しました。また、自家焙煎ブームの礎を築いた「カフェ・ド・ランブル」「カフェ・バッハ」「もか」も戦後のコーヒー消費が増え始めたタイミングで創業しています。

１９７０年代には、日本で最初のマンガ喫茶が名古屋にできました。当初はいわゆる喫茶店のようなフルサービスでコーヒーの提供が行われており、個人経営の喫茶店からマンガ喫茶に転換していったそうです。

また、2度にわたるオイルショックから、脱サラブームが起こり、会社を退職した人々はこぞってカフェを開店させていき、コーヒーの味わいにこだわる「コーヒー専門店」が増え始めます。

今でも街中で見る、珈琲館（珈琲館株式会社）の創業もこの時期です。

安価に楽しめるドトールとセルフサービスカフェの誕生

1980年代は、いわゆる「フルサービス式（店員が席で注文を聞いて配膳を行う）」で提供してきたコーヒーを、「セルフサービス（コーヒーを自分で席まで持っていく）」で提供する方式に変えたドトール（株式会社ドトールコーヒー）が登場した時期です。

この頃の日本のコーヒー生豆輸入量は17万4000トンを超えており、喫茶店の数も1981年が最多で15万4600軒以上でした。すでに、コーヒーは高級な嗜好品ではなく、一般的な飲み物になっていました。

そして、カフェや喫茶店で飲むだけでなく、家庭でコーヒーを飲むというのが一般的になっていきます。

ドトールで提供されていたコーヒー一杯の値段は当時150円程度。一方、フルサービスのコーヒーショップでは３００円程度で提供されていました。当時は、バブルが弾けデフレの時代へと移行し始めた時期でもあり、安価で飲めるセルフサービスが日本で台頭していったのでした。

プレミアムコーヒーの時代に、日本独自の消費文化が生まれた

スペシャルティコーヒーが入ってくるまでの間の日本のコーヒーの歴史において、コーヒー原料はどういったものが使われていたのでしょうか。

基本的には、コモディティ品やプレミアム品と呼ばれるような原料が主流でした。

１９７０年代は、品質がバラバラなコモディティコーヒーが主流でした。実際にその当時から焙煎業を行っているお店の方にお伺いすると、コーヒーの原料の品質は、60kgのコーヒー麻袋を開けてみないと分からないような状態だったそうです。

そのため、毎回バラバラな品質のコーヒーをできるだけ安定した味わいの焙煎豆に仕上げるための焙煎技術が研究されるようになりました。

１９８０年代ぐらいからは、もっとおいしいコーヒーを仕入れようと輸入商社が取り組み始め、プレミアムコーヒーという概念が登場しました。生産国の中でも収穫地域を限定

して欠点豆の少ない、安定した品質のコーヒー生豆を厳選し、プレミアム品として売り出したのです。

このような流れの中でコーヒーの焙煎方法も定着していきました。

「カリブ海系のコーヒーは焙煎すると均一に色づきがされるため焙煎しやすい」「マンデリンは焙煎の最初のほうに生豆の水分がぐっと抜けて黒く見えるから、色づきだけで判断するのは良くない」というように、それぞれの生産地に適したコーヒー焙煎法が確立されてきました。

生豆の品質においても、「カリブ海系のコーヒーは細長くて光沢のある均一なアピアランスだ」「マンデリンは、生豆の先のほうが裂けたような形をしていて、焙煎した後にそこからコーヒーの油分が出るから取り除いたほうがいい」、といった生豆品質に対する理解も進んでいきました。

産地別での販売もされるようになり、それぞれの生産地の生豆品質に合わせて焙煎度合いが決められ、その味わいが日本中のコーヒー愛飲家に受け入れられるようになりました。

スペシャルティという言葉が出てくる前の時代には、日本全国にある焙煎業を営む人たちがそれぞれに研究し、そこから得た知識を共有し合いながらコーヒーの品質についての

サードウェーブ系カフェ

共通認識を作り上げていきました。いわば、日本流のコーヒーに求める品質基準というものが慣習的に出来上がっていったのです。

サードウェーブとスペシャルティコーヒーの関係

スターバックスコーヒーが日本に登場する１９９０年代には、日本のコーヒー輸入量は30万トンを超え、コーヒー市場はさらなる拡大を見せていました。

スターバックスが入ってきたことによって、喫茶店は男性の場所というイメージから、明るくておしゃれな雰囲気の場所というイメージが定着し、女性客や若者客を取り込むことに成功しました。

そして、スターバックスの日本進出あたりから、「スペシャルティコーヒー」が日本でも紹介され始めました。

2000年前後のアメリカでは、「栽培、加工、輸出、焙煎、抽出」全てにおいて、「誰が、いつ、どうやって」ということをトレースできるようにした、スペシャルティコーヒーの価値が認められはじめました。そしてこれと時期を同じくして、「サードウェーブ」という言葉が使われ始めました。

「コーヒー第三の波」と呼ばれるこのムーブメント誕生の経緯を簡単に見ていきましょう。

19世紀後半から1960年頃までを「ファーストウェーブ」と呼び、コーヒーが社会に受け入れられて消費が広がっていく時期のことを指します。日本では最初のカフェ、可否茶館ができた頃からコーヒー焙煎業者ができ始めた頃です。

1960年代から2000年頃までを「セカンドウェーブ」と呼びます。この時期はコーヒーの味わい方に多様性が生まれ、スターバックスのようなシアトル系コーヒー（エスプレッソコーヒーをベースにした飲料）のチェーン店が生まれました。

そして2000年以降、スペシャルティコーヒーが世界に広がっていく中で生まれてきた言葉が「サードウェーブ」です。味わいをさらに細分化し、特に生産地特有の香味を明確に味わえることを重要視したコーヒーの選定・焙煎・抽出にこだわった店が増えてきました。

日本では、2015年頃にブルーボトルコーヒーが上陸してきた頃から、巷でもこの言葉が使われるようになってきました。

コーヒー生産者のストーリーを求めるダイレクトトレード

サードウェーブの広がりとともに、コーヒー産地への関心も少しずつ高まってきました。現在では、コーヒー産地へ赴く焙煎業者も増えています。2010年代前半までは、「産地へ行きたいけれど、行き方もよく分からない」「そもそも、誰にコンタクトを取ればいいか分からない」といった状況でしたが、現在は、定期的にコーヒー産地のツアーを組んでいる会社がありますし、インスタなどから直接生産者に連絡を取り、訪問している個人の方や、マイクロロースターさんもいます。

また産地訪問では飽き足らず、気に入ったコーヒーを自ら買い付けて輸入を試みるロースターも登場しています。これは、自分の足で直接訪問し、そこで直接生産者と話し、輸出入の手続きを行い、仕入れる。まさに直接輸入（ダイレクトトレード）です。

日本にコーヒーが輸入され始め、経済の発展とともにコーヒーが日常に欠かせないものとなってきた流れの中で、コーヒーが「品質」を中心に扱われてきた時代から、「生産現場はどうなっているのか?」「生産者はどういった人なのか?」というように、コーヒーを「生産地・生産者」といった側面から捉えようと、意識を広げ始めたのが、現在のコーヒー業界です。

生産国から見たサードウェーブ

こういったサードウェーブの流れの中、コーヒー生産者がはるばる来日して、自分たちの作ったコーヒーを焙煎しているロースターを訪問して、互いに交流するという場面も見られるようになりました。

また、タイやインドネシアなどの生産国にも、サードウェーブ系のロースターができ始めました。彼らは自ら生産地に赴き、生産者と協同で味づくりを試みたり、生産者を店に招聘して消費者向けにコーヒーセミナーを行ったりしています。

とはいえ、全ての生産国でこういった動きがあるわけではなく、「さーどうぇーぶって何?」といった反応をする農家さんもたくさんいます。

サードウェーブのムーブメントは、まだまだ消費国の中での盛り上がりだけで、全ての生産国に浸透しているというものではありません。

コーヒーの歴史を振り返ると、私たちが何気なく飲んでいる一杯が、時代の流れとともに変化してきたことが分かります。日本でのコーヒー文化の広がり、そして「サードウェーブ」と呼ばれる新たなムーブメントの誕生。それは、ただの流行ではなく、コーヒー生産国と消費国との向き合い方を大きく変えるものでした。

しかし、消費国でのこのような変化が、同じレベルで、生産国には起こらないのはなぜなのでしょうか。次章では、生産国が抱える様々な課題を取り挙げながら、コーヒーの未来について考えてみます。

スペシャルティコーヒーと想像力

教養とは、文脈を理解すること

コーヒーが栽培されている国々の多くが中南米、カリブ海、東南アジア、南アジア、アフリカといったエリアに位置します。

新興国と呼ばれる国が増えてきているものの、先進国と比べるとGDPはまだまだ低いままという国が多いです。そうした国では、自国で作ったコーヒーのほとんどを輸出用として先進国へ輸出しています。

生産国と消費国。それぞれ言葉も違えば、文化も違います。国際商品としてのコーヒーと、電気も通じない山奥の農家さんが栽培しているコーヒーとは、本来一緒のものであるにもかかわらず、そこには大きなギャップがあるように感じます。

日本のおしゃれなカフェで提供されるコーヒーと、産地の朝、ヤギの餌を取りに行くついでに自分の小さなコーヒー農園でなっている実を収穫し、その日やって来た集荷業者に販売している農家さんのコーヒーは、何か違う。

そういった感覚をコーヒーの産地を回るたびに感じています。この違和感の正体を『マツタケ』という本を書いたアナ・チンは「目録化」と表現しました。それはつまり、世界中のコーヒートレーダーや大手のスーパーマーケットが作り出したシステムで、それぞれの商品の「品質を規格化」していくことによって、国際取引をする上での産地での様々な雑音を無くしていくことに成功したのです。

コーヒーにも似たようなものがあります。それが輸出規格です。

どこの誰が栽培したコーヒーかではなく、そのコーヒー豆の「サイズ」「標高」「欠点数」「香味」といった項目で規格化されているため、どこの誰が購入しようが、規格さえしっかりと伝えていれば流通には問題ありません。届けられたコーヒーは、在庫管理システムの一在庫としてロット番号が付与されて、一定の環境のもとで管理されます。その後、そのコーヒーを購入した自家焙煎店は、輸出規格情報や香味情報を商品棚の説明書きに記載して販売します。

一方、産地では、多民族が暮らし、たまに衝突し合い、コーヒー以外の作物も栽培しながら収穫期が来たら業者に販売したり、少しでも高く販売するために自分で加工したりしています。そこにあるのは、規格化された情報ではありません。あるのは、ありのままのコーヒー農家さんの暮らしです。

今でも自分の育てたコーヒーが一体どういった品質なのか、ということさえも知らない小農家さんがほとんどです。

私にとっては、そのありのままのコーヒーというか、そういったコーヒー農家さんがとても

魅力的に感じます。彼らのコーヒーをどんどん世界に紹介したいと思うのですが、そのためには色々と高いハードルを越えなければいけません。

まずは量です。一人の農家さんのコーヒーだけで販売を行っていては事業が成立しません。いくつもの農家さんからコーヒーを買わなければ、大量のコーヒー豆を焙煎するロースターにとっては商品として扱うこともできません。

次に品質です。ありのままのコーヒーを販売しても市場に広めることはできません。たくさんの農家さんから集めたコーヒーを均一の品質に仕上げていく必要があります。また、自家焙煎店が売りやすいようにサイズを揃えて、精選方法も好みのものを準備していかなければいけません。

そして価格。国際市場価格や日本国内の類似した商品の価格帯を鑑みながら最適な価格の落とし所を交渉していきます。価格に折り合いがついても輸送コストが大幅にかかる場合は、その分も考えながら販売しなければいけません。

市場にコーヒーを流通させるということは、その市場が作り上げてきたルールに則って販売していくということなのだと感じます。

スペシャルティコーヒーは、産地ごとの香味特性にしっかりと焦点を当てて、誰が、いつ、どこで作ったかということをできるだけ明確にするというルールのもとでコーヒーが取引されています。

しかしそこには、私が産地で感じる、活き活きとした生産者の息遣いを感じることはありません。

やはり、スペシャルティコーヒーでも、「カップクオリティ（香味点数）」や「フレーバーノート（香味情報）」によって規格化された販売方法が基本となっています。また、コーヒーを作った生産者というよりは、スペシャルティを焙煎している「焙煎士」や「その店」にフォーカスされている販売方法が普通です。

では、生産地・生産者に対する想像力を掻き立てるような販売方法というものはあるのでしょうか？

今でもよく悩むことですが、これは一朝一夕で解決することではないと思っています。必要なのは伝えていくこと、発信していくこ

とだと思います。

私の働いている会社、株式会社坂ノ途中の海ノ向こうコーヒーではそういったことを目指しています。ここで、海ノ向こうコーヒーの「Our Value」を紹介します。

「コーヒーの続きを、一緒に作る。」

私たちが手にする一杯のコーヒー。様々な人の手を経て届けられたそのコーヒーには、その味と香りを育んだ土地があり、そのコーヒー豆を育てた人がいます。コーヒーの世界が広がる一方で、世界のコーヒー産地は、気候変動・環境保全、そして地域コミュニティの維持など、今も様々な課題に直面しています。これらの課題を置き去りにしたままでは、コーヒー業界も社会全体も持続していくことはできません。

私たちは、これまでいくつもの産地を訪れ、産地が抱える課題に向き合い、同時に産地から多くのことを学んできました。この経験をより多くの人と共有し、相互的な学び合いを推進することで、新たな価値や可能性を生み出せると信じています。

私たち海ノ向こうコーヒーは、人と自然が共生する社会を作るために、生産者、ロースター、消費者など、あらゆる境界線を越えて人と人をつなぐことで、透明性と持続性を持ったより良い循環を生み出し、豊かで多様なコーヒー文化の続きを作っていきます。

第7章

コーヒーの未来を作る仕事

GOING TO MARKET.

コーヒーの未来のために必要なこと

コーヒー生産者を廃業に追い込む、世界の事件

コーヒーの2050年問題や物価の変動、為替の影響、そして世界を賑わす大きな事件、これらひとつひとつがコーヒーの流通やそれに携わる全てのプレイヤーに影響してきます。

最近のコーヒー相場上昇の煽りを受けて、ロースターの中には、「こんなに価格が上がっちゃうと売れないよ」とか、「もうコーヒーは辞めちゃおうかな」と嘆いている方もいます。

コーヒーは商品作物ですから、売買が成り立たなければ育てている農家さんはもっと売れる作物に植え替えをしてしまいます。

実際、コーヒーの相場が大暴落した1990年前後と2000年前後はそれぞれ第一次コーヒー危機、第二次コーヒー危機と呼ばれ、大きなニュースになりました。

コーヒー危機で相場が大暴落

特に第二次コーヒー危機による大暴落は過去１００年間で最悪のものとなりました。世界のコーヒーの供給量が急増したことで相場が急落し、２００１~２００３年の間、コーヒー相場は１kg当たり１ドル未満となってしまったのです。

そうなると、農園主は収穫をしてもらうピッカーに払う賃金を賄うことができず、売れば売るほど損をするという状況に陥りました。

結果、コーヒー栽培をやめて違う作物に移行してしまい、コーヒーの木に実がついても、収穫したところで損をするだけだからと、放ったらかしにする農園主もいたようです。

この第一次、第二次コーヒー危機のきっかけとしてまず挙げられるのは、国際コーヒー協定の輸出割当制度が停止されたことです。

輸出割当制度とは、それぞれの生産国が輸出できるコーヒーの量を協定内で定めることで、世界に流通するコーヒーの量を制限しようとするものです。コーヒー生産者にとっては、コーヒー相場が安定するため、毎年一定の収入を確保できるというメリットもありました。

１９６２年以降、毎年の割当量は、国際コーヒー機関（International Coffee Organization

通称ＩＣＯ）の加盟国（生産国と消費国）の総会によって決められて、この割当を超えた分のコーヒーは各生産国の倉庫に眠っていました。

しかし、１９８９年に国際コーヒー協定の輸出割当制度が停止されると、生産国で在庫となっていたコーヒーが一斉に世界市場に流れ出し、相場が暴落しました。これを第一次コーヒー危機と言います。

第二次コーヒー危機は、この輸出割当がなくなった後、ベトナムとブラジルが生産量を増やし続けたことが大きな要因となっています。

当時、コーヒー輸出の新興国として名乗りを上げたベトナムは、１９９９年に生産量第2位だったコロンビアを抜いた後も生産量をぐんぐん伸ばし、１９９０〜２０００年の10年間でその生産量は10倍以上となりました。そして、輸出割当制度の制限がなくなった世界のコーヒー市場に大量のベトナム産コーヒーが出回ったことで、市場は供給過剰となり、コーヒー価格が大きく下落してしまったのです。

その後、コーヒー相場は２００４年まで回復せず、その間、中米やアフリカ、アジアの生産者の中には貧困状態に陥る人も多かったと言います。

この一連のコーヒー危機の元となった国際コーヒー協定が生まれた背景を見ると、そこ

国際コーヒー協定の輸出割当(1962年)

国	基本輸出割当(60kg袋)
ブラジル	18,000,000
コロンビア	6,011,280
コスタリカ	950,000
キューバ	200,000
ドミニカ共和国	425,000
エクアドル	552,000
エルサルバドル	1,429,500
グアテマラ	1,344,500
ハイチ	420,000
ホンジュラス	285,000
メキシコ	1,509,000
ニカラグア	419,000
パナマ	26,000
ペルー	580,000
ベネズエラ	475,000
カメルーン	762,795
中央アフリカ共和国	150,000
コンゴ(ブラザビル)	11,000
ダホメー	37,224
ガボン	18,000
コートジボワール	2,324,278
マダガスカル共和国	828,828
トーゴ	170,000
ケニア	516,835
ウガンダ	1,887,737
タンガニーカ	435,458
ポルトガル	2,188,737
コンゴ(レオポルドビル)	700,000
エチオピア	850,000
インド	360,000
インドネシア	1,176,000
ナイジェリア	18,000
ルワンダ&ブルンディ	340,000
シエラレオネ	65,000
トリニダード	44,000
イエメン	77,000
総　計	**45,587,172**

参照:
Source: Jones, R. J.(1967). An Evaluation of the 1962 International Coffee Agreement

にはアメリカの政治経済的事情が見えてきます。

国際コーヒー協定と割当制度が生まれた1962年は、冷戦の最中です。1959年にはキューバの共産主義革命が成功し、これに危機感を持ったアメリカは中南米諸国の共産主義化を防ぐための策として、それらの国々の経済を安定させ、資本主義陣営へ囲い込もうとしていました。

当時はアフリカでロブスタ種のコーヒーが増産されたことで、コーヒー相場が下がっていました。それに伴うコーヒー価格の低迷から中南米の生産国の経済を保護するために、輸入割当制度が生まれたのです。

しかし、1989年の冷戦終結とともに、アメリカが国際コーヒー協定への関心を失っていったのと同時期に、輸出割当制度も停止されてしまったのです。この例からも、コーヒー生産者の生活が、消費国の政治経済事情に振り回されてきたことがよく分かります。

コーヒーの未来のために解決すべき課題

コーヒー相場は需要と供給のバランスで成り立っており、その均衡が崩れると高騰したり、逆に大暴落したりします。

コーヒー産地の課題

社会問題	食料不安
	栄養失調
	教育や医療へのアクセス困難
	退職金や年金制度の欠如
	ジェンダー不平等
	農家コミュニティの高齢化
	移民や若者のコーヒー農業離れ
	適切なガバナンスや制度の欠如
経済問題	生豆価格の変動
	為替レートの変動
	長期的なコーヒー価格の低下
	マーケット情報の不足
	生産物についての情報不足
	コーヒーの木の老齢化
	不明確な土地所有権
	保険やヘッジ手段の利用制限
	地域や農家組織からのサービス不足
	生活費の上昇
	収入不足
環境問題	森林破壊
	生物多様性の喪失
	土壌の侵食と劣化
	農薬の不適切な使用
	水の供給不足と水質の劣化
	廃水の管理不足
	コーヒーの害虫や病気の進化
	気候変動

https://www.mdpi.com/2079-9276/6/2/17
Towards a Balanced Sustainability Vision for the Coffee Industry

ブラジルの霜害によって生産量が下がり、価格が高騰する。または反対に、ブラジルやベトナムの生産量増大によって価格が暴落するという仕組みです。

相場が下落するとコーヒー栽培に興味を失う生産者が出てしまいますし、高騰すると消費者の購買欲は薄れ、カフェやロースターは「コーヒーが売れないなら」と廃業してしまうケースも増えてしまいます。

コーヒーは、これからも飲むことができるでしょうか。

先ほどもお伝えしたようにコーヒーは商品作物なので、ちゃんと売れて生産者の利益になることが重要です。

「利は元にあり」とはよく言ったもので、コーヒーにおいても、それが作られる生産地にしっかりとした基盤を作ることが必要となります。

コーヒー生産地は、気候変動や市場の不安定性などの影響に対して、素早く対応して回復するというレジリエンシー（Resiliency 回復力）に乏しく、その影響は長く続いてしまいます。

私たちがおいしいコーヒーをこれからも飲み続けられるためには、コーヒー生産地が抱える様々な課題と向き合うこと、そして解決に向けて取り組むことが不可欠です。
２７３ページの図は、ＳＤＧｓをさらに細かくしたようなもので、コーヒー生産国が抱える課題を列挙しています。その課題の分野は幅広く、社会・経済・環境といった問題にまでわたっています。それぞれ見ていきましょう。

社会問題

社会問題とは、ジェンダーの不平等、農家の老齢化、働き手の不足など、コーヒー産地のコミュニティが抱える課題のことです。つまり、コーヒー生産者、特に生産者を取り巻く、様々な課題のことです。
特に食糧不足と栄養不足はいくつかのコーヒー生産国ではとても深刻で、妊婦が必要な栄養をとることができず、未熟児が生まれてくるリスクが高くなっていたり、子どもがとるべき栄養を十分に摂取できず、発育阻害が起こったりしています。

経済問題

コーヒー生産における経済的な問題とは、コーヒー相場の上下やインフレーションのリスク、収入が少ないために農園のメンテナンスができないこと、省庁からの支援不足など様々なものがあります。

ただコーヒーを栽培して売ればいい、というわけではないのが現状です。

表中の「不明確な土地所有権」とは、コーヒー産地では、土地の所有権が明確に決められていないことで起こる問題です。

例えば、東ティモールでコーヒーの加工場を作ろうとした際に、選定した土地の所有者が3人現れて、大きく揉めた経験があります。結局、そこに加工場を作ることは断念しました。この国はポルトガル植民地時代およびインドネシア植民地時代を経験しているため、ひとつの土地に別々の時代の権利証を持った所有者がいたのです。

また、山岳地帯では昔から少数民族が暮らしており、彼らの土地所有については、村の族長が決めたりします。しかし、現在はその山岳地帯も国が管理しており、「土地の所有権は国のものだ！」と主張すると、そこで衝突が起こり、事態はややこしくなります。日本ではあまり考えられないことがコーヒー生産地では起こったりしています。

環境問題

気候変動に伴う地球温暖化や生物多様性の減少によって、コーヒー栽培だけでなく、その地域、ひいては国や世界全体までもが影響を受けるという問題のことです。

生産者と彼らを取り巻く環境

焼き畑の様子

タイの生産者家族

発酵槽に溜まった排水

ミャンマーの生産者

例えば「排水処理の限界」とは、コーヒーの精選処理時の排水のことです。ウォッシュド・プロセスのコーヒーを作る時には、大量の水が必要となります。

特に発酵を行う時に使用する水は、生産されるコーヒーの3～5倍の量が必要となります。また、発酵時はpHが下がり酸性になります。そして、コーヒーの栄養素が分解された酸性の排水がそのまま流れ出ると、河川の生態系が大きく崩れてしまいます。

こういった課題を解決しなければ、コーヒー栽培を継続的に成り立たせることが難しくなってきているのが、現在のコーヒー産地の実情です。

なんだか読んでいるだけで頭を悩ませることが多いのに気づかされますが、解決策がないわけではありません。

ひとつひとつの課題を明らかにし、それに対して様々なアプローチで活動している人々がいます。それがいわゆる国際協力の仕事です。ここからは、こういった課題に対して彼らがどのように取り組んでいるかをご紹介します。

世界の生産地の課題を解決するには？

コーヒー産業の国際的な取り組みとは？

「国際機関とコーヒー」という視点で現在コーヒーがどのように扱われているかを見ていきたいと思います。

コーヒー生産国には途上国が多く、消費国には先進国が多くあります。

先進国の需要を支えるために、生産国では、コーヒーの供給の安定化を図る動きがあるわけですが、なかなか思うように進みません。その理由としては、国の経済的・政治的な破綻や、隣国との戦争、農業における労働力確保のためのインフラが不十分だったりすることが挙げられます。

こういった問題は、その国のまとめ役となるリーダー的な人物や組織が担っていく部分ですが、経済的・政治的に不安定な国では、うまく進みません。

そういった場合、国際機関が重要な役割を果たします。

紛争の調停であったり、経済的な援助であったり、農業技術の支援といった方法で国の外からサポートしています。このような団体や組織は、世界銀行、国連、アジア開発銀行、各国大使館、国際協力機関、国際NGOといった国際機関がプロジェクトとして予算を立てて活動しています。

国や国連という言葉が出ると、なんだか想像がつきにくく、壮大なプロジェクトが進んでいるように思うのですが、実際には、結構地道な作業が多いです。

土壌改良のプロジェクトを東ティモールで行った時は、土壌改良に有用な「ミミズ」を森の中で採取したり、苗木を一本一本山奥へ運んだり、毎日違う村に行き、村人に対してコーヒーの栽培に関するワークショップを行っていました。

こうした国際組織の動きや方向性、そしてコーヒーに関わるプロジェクトを見ていくと、コーヒーの世界がさらに広がっていきます。

国際協力のプロジェクトと相性の良いコーヒー栽培

彼らは大きな社会的課題に取り組むために、山岳地帯でコーヒーを用いたプロジェクト

NGOによるコーヒー農家へのワークショップ

を立ち上げることがあります。

コーヒーは日陰で育つため、森の中に植えれば焼き畑や農地転換のための森林伐採をせずに、収入を得ることができますし、農家の収入向上と環境保全が同時に実現可能です。

例えば、森林伐採によって環境への負荷がどのくらいあるのか具体的に伝えるために、その村人一人ひとりにワークショップを行います。

「山の木を切ると、山の保水力がなくなり、湧水がなくなってしまう」ということを、分かりやすく絵を描きながら説明していきます。

また、小農家をまとめ上げて生産者組合を作って団体として銀行等から融資を受け、村までの道路や電気を整えるための資金に使ったりもします。組合ができると、マイクロファイナンスを行うことも可能となり、自分の子どもに教育を受けさせることができるような仕組みを作ることができました。また、農業保険を設けて、生産量やコーヒー相場の低迷によって、収入が減ってしまった場合の臨時収入を提供する生産者組合を作ったりもしました。

こうした活動は、利益追求を目的とし、コーヒーをただ流通させるだけの企業ではリーチできません。そのため、現場のＮＧＯや国際協力機関の活動は、コーヒー栽培を持続可能なものにするための重要な役割を果たしています。

実は、日本の国際協力機関も活躍している

日本の国際協力機構（ＪＩＣＡ）は今まで、日本のＮＧＯや現地ＮＧＯと組んで、コーヒーに関連するプロジェクトにいくつも取り組んできました。アフリカ、アジア、南米、中米、全ての地域において行われています。

そのプロジェクト内容も多岐にわたり、生物多様性を守るために森林保全地域を守りながらコーヒー栽培を行い、地元の収入を上げていくプロジェクトや、品質向上を環境に配

国連世界食糧計画と株式会社坂ノ途中の共同プロジェクト

慮した加工方法で行えるようにするプロジェクト、国のコーヒー流通やマーケット出口を見つけられるようにするための施策を生産国と一緒になって考えるプロジェクト等々、コーヒー生産国における日本の国際協力機関のプレゼンスは実は、結構高いです。

民間企業と連携した取り組みの増加

国際機関と現地NGOが手を組んで活動をしているだけでなく、現在は少しずつ変化が見られます。それが、企業と連携する国際機関が増えてきたことです。

企業だけではアプローチできない課題、

国際協力だけでは成果を上げられない分野に対して、企業と国際機関が連携することで、コーヒーがちゃんと国際市場に流れるようになり、より持続可能なコーヒープロジェクトが出来上がってきています。

例えば、私の所属する株式会社坂ノ途中でも国連機関のひとつＷＦＰ（World Food Programme）と一緒に２０２３年４月よりラオスでコーヒープロジェクトを始めました。

ラオスでは、焼き畑による森林減少が凄まじく、３月頃になると、焼き畑の煙で前が見えなくなるほどです。彼らが焼き畑を行って栽培しているものはトウモロコシやお米です。

昔は、自分たちが食べるために行っていたのですが、村の人口が増え、医療や教育にお金が必要になり、現金収入を得るために、焼き畑の面積を増やさざるを得なくなりました。

それにより、環境への負荷が大きく高まっているのです。

また、村の中の農業収入だけでは足りず、若者は都市に移動し仕事を見つけようとします。そうすると、働き手であるはずの若者が村にはおらず、農業での生産性を上げることが難しくなります。

つまり、現金収入が必要→焼き畑面積を広げる→それでも現金収入が足りない→若者が都市に流出する→村の働き手が少なくなる→現金収入が上げられない→焼き畑もやめられない➡森林も減少してしまうといった悪循環を生んでしまっています。

こういった課題を抱える産地に坂ノ途中とＷＦＰが訪れて、コーヒー生産を導入して、現金収入を上げていきましょうというプロジェクトを行っています。コーヒーは森の中で育つことができるので、焼き畑を行わずに、森を守りながら栽培することができます。また、コーヒーは栽培技術や加工技術で品質を上げることができるため、トウモロコシやお米よりも高い価格で販売が可能になります。

環境を守りながら現金収入も上げることができる、まさに一石二鳥の有用作物がコーヒーなのです。

役割分担としては、坂ノ途中がコーヒーの栽培技術や加工技術の導入のワークショップを行い、そして、生産されたコーヒーのマーケティングを行います。そして、ＷＦＰが各村の取りまとめを行うとともに、栄養バランスを考えた食事の大切さを伝えています。人の生活の基盤となる栄養に関する知識を学んでもらうことによって、将来の働き手をちゃんと育成していくことを目指しています。

これはコーヒーを専門に事業を行っている一企業だけでは取り組むことができない活動です。

また、国際機関には、コーヒーの専門知識を持った職員がほとんどおらず、どのような品質を作り出していけば市場に販売することができるのかが分かりません。そこで、坂ノ途中が技術導入とともに、各農家さんにお伝えしていくことによって、市場価値の高いコーヒーの販売も可能になります。

企業と国際機関が手を取り合うことによって、今まで解決が難しかったコーヒー産地での課題に取り組むことができるようになってきているのです。

情報収集からコーヒーのストーリーが生まれる

情報収集力がプロジェクトを制する

国際機関やNGOの活動はいわゆる「ボランティア」だと認識している方が多いと思います。

「なんかいいことをやっている団体」というイメージではないでしょうか。

しかし、実際に活動している彼らの活動範囲はとても広く、前述のプロジェクト地域コミュニティの農家さんへの周知とマネジメントを行います。

そのために、農家一人ひとりの生活状況、家族構成、収入、農地面積といった基本情報とともに、その地域の文化がどのようになっているか、水の供給は十分か、収入源となっている作物は何か、適切な植生を保つためには何が必要か、そのためには現地政府のどの省庁と折衝していかなければならないか、といった情報を集めながら、とてもボランティアという言葉では片付けられない様々な活動をしています。

フィリピンで活動するコーディリエラ・グリーン・ネットワーク（CGN）という環境NGOは、野菜栽培によって森を切り崩し開墾されてしまった山を再生させようと、環境教育とともに植林を行っています。植林だけでは地域の農家さんたちの収入源がなくなるだけなので、コーヒーを一緒に植林し、森を守りながらコーヒー栽培で現金収入を得られるプロジェクトをしています。

彼らの活動資金は、助成金団体や財団、国際機関や一般企業といったところから出ており、プロジェクトに関わる詳細な情報をレポートにまとめて報告しなければなりません。つまり、プロジェクトを行う地域の地理的な情報、村の人口、主な栽培作物、一世帯当たりの家族構成、マーケットまでの道のり（マーケット・アクセシビリティ）といったことを徹底的に調べています。

例えば、植林活動を行う際にどの農家さんの土地にどんな種類の木が植わっているか、どのぐらい土地が空いているか、斜面の傾度はどのぐらいかということまで把握します。また、「この農家さんはやる気に満ちているから色々伝えていくといい」とか、「こっちの農家さんは返事だけはしっかりしているけど、全然やる気がない」といった個々の性格

CGNと協同で行う生産者ワークショップ

まで熟知しています。
ほかにも、今日はこの地域では結婚式が行われているから、ワークショップを開催しても人が集まらないから来月にしたほうが良いとか、この家族はこの前子どもが生まれたからお祝いに鶏を一羽買って行こうといった心遣いもしています。そのコミュニティの生態系を把握して活動する彼らのその情報収集力は、大手の輸出会社よりも正確で詳細なものになっています。

集めた情報がストーリーを生む

今までのコーヒーの商品説明と言えば、生産地や標高、コーヒーの品種、精選方法、乾燥方法、香味情報に焙煎度合いと価格が載っているようなものが一般的でしたが、現在では、「どういった人たちが」「どういった想いでコーヒーを作り」「どんな良い結果が出ているか」や「どういった課題があって立ち向かっているか」といったコーヒーそのものから派生する様々なプレイヤーたちの「ストーリー性」が商品に求められるようになっています。

コーヒーの「目録化（263ページ）」からコーヒーの「ストーリー」の重要性が認められはじめた今、実はこのNGOで活動する方々が集めてきた情報・経験値がとても重要になっています。

彼らの細かな情報をもとに、今まで以上に魅力のあるコーヒーの商品説明ができるようになるからです。

コーヒー栽培地域の課題を見つけ、解決するために資金を集め、村人たちを取りまとめて、プロジェクトを遂行していく。それとともに、細かい情報を集め、出来上がった製品を販売することも行うという活動は、ソーシャル系のスタートアップの会社にとても似ています。

資金を集めるための方法は、スタートアップの場合は株式の発行ですが、NGOの場合は財団などからの助成金です。資金の出どころが違うだけで、両者の目的は社会課題の解決です。

ＮＧＯの活動はそういった社会的企業の側面も持った、とてもクリエイティブな仕事なのです。今後のコーヒー業界の発展において、彼らの存在は欠かせないものになるでしょう。

地産地消と知産知消

一杯のコーヒーに連なる様々なストーリーも含めてコーヒーを紹介していくことは、今後とても重要となります。

産地や生産者を知れば知るほど、コーヒーが遠く離れた生産国からたくさんの人々の仕事を介して私たちの手元に届けられているという、つながりを感じられるからです。

日本にコーヒーが紹介された当初は、そのコーヒーがどこで作られたかなんてことは気にされることはありませんでした。

それが時代の変遷とともにコーヒー専門店ができ、産地別にコーヒーが販売されるようになり、コーヒー愛飲家の中で、ブラジルを好む人やマンデリンのような苦みを求める人、といった産地での分化が進みます。さらに、自家焙煎店の台頭によって、産地の中の地域別のコーヒー、例えばブラジルのセラード産や南ミナス産のコーヒーといった分類がなされるようになりました。そして、スペシャルティコーヒーが持て囃されるようになると、特定のコーヒーの品種が求められるようになり、生産処理方法に関するニーズも高まってきました。

では次に注目されるのは何か、と考えた時に、それはコーヒー生産を取り巻く「環境」や「人」になってくるのでしょう。

消費者の飲んでいるコーヒーが環境保全に役立っているということや、生産者の収入向上につながるプログラムの一環で作られたコーヒーであるといった情報が、一杯のコーヒーを注文する時の動機となってくるのではないでしょうか。

「知産知消」という言葉をご存じでしょうか?

通常は地産地消と表記しますが、それとは違います。私がこの言葉を聞いたのは、ずいぶん昔の話ですが、フィリピンで、ある大学の教授とミーティングをしている時「生産国と消費国のギャップ」についての話題になりました。

消費者に、もっとフィリピンコーヒーを飲んでもらいたい。しかし消費者は、ブラジルやコロンビアといった有名な生産国のコーヒーを好むし、何より、そんなに産地にこだわって飲んでいるわけではありません。

そんなお話をしている時に、その教授は「チサンチショウ」って知ってる?と、疑問を投げかけました。

「もちろん。地産地消でしょ、知ってますよ。地元で収穫したものを地元で消費することですね」と答えた僕に、ニヤリと笑みを浮かべながらこう言いました。

「いやいや、その地産地消じゃないんだ。『地』という字を『知』に変えたほうの『知産知消』。この考え方が僕は重要になると思うな。まずは知ることだよ」

最初は、言っている意味がよく分かりませんでしたが、よくよく考えると、なるほど、的を射た考え方です。

つまり、産地を知ること、消費を知ること。これが大切なんですよということ。消費者にとっては、その商品がどこで、誰が、どのように生産したものなのかを知ることから全てが始まります。逆に、生産者においては、その商品が、どこで、誰が、どのように消費するのかを知ることが大切です。双方がしっかりとそれを理解した上でのモノの取引は、今まで以上に深みと広がりのある流通になると思います。

それからというもの、私がコーヒー産地へ渡航する時は、必ずコーヒー生産者、特に小農家の皆さんに日本のコーヒー事情のこと、どういったコーヒーが好まれているか、日本人は几帳面なこと、日本人は慎重で時間がかかるけれど、一度取引が始まると長い関係性を築こうとする気質であること、様々な角度から日本市場のことを伝えるようにしています。

また、日本に帰国した際には、渡航した地域のコーヒー生産の話、小農家さんの暮らし、文化、コーヒー農園の植生、抱える課題、品質に対する考え方を伝えるようにしています。

実際にこういった情報を双方に伝えると、とても興味を持ってくれ、「はぁ〜知らなんだ。コーヒーはそんな飲まれ方をしているのか！」と感嘆のため息とともに生産者さんの認識が変わってきました。

日本のコーヒー愛飲家の方々からは「コーヒーの品質以外の側面を知れると楽しい」という共感をいただけたりもします。

コーヒーは産地と消費をつなげてくれるだけでなく、相互理解のきっかけとして、「知る」好奇心をぐっと広げています。

産地を知り、消費を知る。使い古されている考え方かもしれませんが、私はこの考え方が好きです。私たちにとっては、生産地、生産者をもっと知っていくことで、これからの日本のコーヒーに広がりが出てくるのだと思います。

これは、生産者と消費者ではなく、生産者と「共同生産者」という考え方。私たちも生産者とともにいる存在だという考え方です。

コーヒーのサプライチェーンは生産者から消費に至るまでの長いつながりです。そのつながりをリアルに感じるための想像力を持つこと。そして、そのための情報発信を広く行っていける業界にしたいなと考えています。

コーヒーのストーリーを編集する——「泥男」が売れるコーヒーになった理由

私が所属する会社でも、コーヒーの「ストーリー性」を商品説明に盛り込むようにしています。例えば、2024年の3月にパプアニューギニアへ訪問した際、ある民族に出会いました。その民族は「Mudman（泥男）」と呼ばれる民族の子孫でした。その泥男の伝承はこうです。

「この地域では、その昔、ほかの民族との戦いが絶えなかった。勝利しては、相手のブタを奪い取り、女を奪い取り、逆に負けると全てを奪われた。そんな日々を過ごしていたある日。強い部族が村を襲ってきた。彼らの強さは予想以上で、こりゃたまらんと村人は逃げたが、逃げ遅れた一部の村人は命からがら沼の中に体を埋め、全身泥まみれになった。泥から頭を出し息を殺して相手の部族たちが通り過ぎるのを待つ。敵は目の前にいる。強豪部族は彼らの逃げ足を追ってきたが、沼のそばでその足跡が消えていることに驚き、混乱する。泥の中で息を殺しながら潜んでいる彼らが見えていないのだ。『よし、今ならば敵の意表を突くことができる！　さぁ戦おう！』、勢いよく泥から飛び出すと、強豪部族は慌てふためき、泥のお化けが襲ってきたと勘違いした。消えた彼らの代わりに、いきなり泥男が襲ってきたからだ。敵は退散、泥にまみれた村人たちは勝利した。こうしてこの地域の村人たちは、恐怖を利用して敵を追い払うことで戦いを避ける手段を覚えた。泥で体を覆い、粘土や石など身近にあるもので恐ろしい仮面を作ることで、村を敵から守るのだ。そんな逸話にちなんで、この村の人々は『泥男（Mudman）の部族』と呼ばれるようになった」

そんな物語に触れて、彼らがその伝承を大切にしているのを体験し、このストーリーを活かして商品を作りました。「マッドマンコーヒー」と名づけられたそのコーヒーの商品説明では、香味情報や産地情報とともに、泥男と呼ばれるようになったストーリーを紹介しました。すると、商品紹介の時に使用している写真のインパクトもあってか、あっという間に完売しました。購入してくれたロースターさんたちも、お店に来るお客さんに紹介しやすかったのだと思います。

コーヒーの産地には、たくさんの情報があり、それをコーヒーの香味や標高、精選方法だけに限定して紹介するのではもったいないと感じます。

そこで暮らす民族や、彼らの文化、日本では味わえない魅力を知り、それを情報として編集して伝えていくのも私たちの役割だと思います。

おわりに

最後まで読んでくださった皆さんに感謝申し上げます。

私は、大学2年生の頃にコーヒーのことを好きになって、そのまま20年ぐらいが過ぎました。その年月の中で、様々なコーヒーの知識や情報を蓄積していき、コーヒーの産地に赴き、様々なことを体験する機会がありました。

昔、机上の空論が好きで、テニスが好きで、小さな世界のなかで呑気に生きていた書生が、コーヒーと出会うことで、多くの人と出会い、頭をバットで打たれるぐらいの衝撃がある文化の違いを体験し、少しだけ真面目になり、世界が広がったと感じています。

コーヒーが自分の世界を広げてくれた

最近では、こういった感覚を覚えるようになりました。

コーヒーは、歴史的にもそのカフェインの作用によって様々な人や物事を媒介する役割があるとされてきました。それとともに、私自身は、経験的に、自身の世界を広げる機能があるのだと感じています。

東ティモールの山中で、言葉が通じなくとも、「同じ釜の飯を食べる」ことで得られる意思の疎通。ミャンマーの山奥で手織りの布を巧みに編んでいる少女に感嘆したこと。インドの南部を車で1000キロ以上移動しながら車中ずっとヒンドゥー教の説法を聞いたこと。みかんに唐辛子をたっぷりかけて「ウマイよな！」と同意を求められたこと。エチオピアでヤギを一緒に食べ、次の日、車の道中、エチオピア人も含めて全員で「お腹痛い痛い、トイレどこ……？」と悶絶しながら、地平線まで続く一本道を爆走したこと。

コーヒーに出会わなければ、きっとこういった世界を知ることもなく、知ろうとも思わなかったですし、自分自身がそれを楽しもうとする性格だということも分からないままだったかもしれません。

コーヒーを通して見る世界からは、資本主義経済の中で影響を与え合う生産国と消費国の間の、活き活きとした人々の息遣いが聞こえてくる気がします。

そこには、決して両手を挙げて喜べる事態にはなっていないことも多く、悲しい出来事も多くあります。それでもなんとか前に進もうと、笑い合いながら、言葉をぶつけ合いながら変化し続ける、彼らの総意がなんとも愛おしく、それが、私にとってコーヒーを魅力的に感じる源泉なのだと思います。

コーヒーはあなたの世界を広げてくれる

きっとこの本を手に取ってくれた方の中には、「コーヒー産地のことはなーんにも知らなかった」という方も多くいらっしゃると思います。そういった方々が、この本を読んでいく中で、少しでもコーヒーの面白さやコーヒーが流通される中での生態系を楽しんでいただけたなら幸いです。あなたの世界が少しでも広がっていれば、書いた甲斐があると思っています。

本書は「コーヒーの教養」という大それた題名ですが、教養とは決して「知識・経験的なマウント」を取るためのものではなく、「共感」を生み出すためのものだと思います。「コーヒーってさ〜」と皆が集まっている中、あなたがワクワクした顔でコーヒーの面白さをしゃべれば、きっとそれに共感してくれる方が多くいらっしゃるでしょう。そんな輪を作っていければ素敵なコーヒーの世界がもっと広がるのではないでしょうか。

最後に、編集を担当してくださった幸崎さんに厚く御礼を申し上げます。
また、執筆する上で、様々なコーヒー関係者に協力いただく場面がありました。この場を借りて御礼申し上げます。

そして、コーヒー生産地で暮らす方々が提供してくださった忘れがたい体験に感謝申し上げ、私の最後の言葉とさせていただきます。

山本博文

石脇智弘,『コーヒー「こつ」の科学 コーヒーを正しく知るために』(柴田書店,2008)

コーヒー全般のことを分かりやすく、正確な知識を提供している本です。コーヒー従事者にとっても「あーそうだったのか」と再認識することが多々ある本です。

旦部幸博,『コーヒーの科学「おいしさ」はどこで生まれるのか』(講談社,2016)

上記と同じくコーヒー全般のことが書かれていますが、さらに専門的に、でも分かりやすく書かれている本です。

【取材協力】

加藤伸謙さん BASE COFFEE(愛知県一宮市印田通4丁目24番地)

2014年創業。美味しいコーヒーをたくさんの方に知ってほしいと店を始めたが、産地訪問をきっかけに、「農作物であるコーヒーは人が作っているからこそストーリーがある」と気づく。その魅力を伝えながら「コーヒーが誰かのため、地域のためになる店」を目指している。

中村圭太さん LiLo Coffee Roasters(大阪市中央区西心斎橋1-10-28 心斎橋Mビル1階)

2014年創業。コーヒーの様々な楽しさを感じてもらうため、店舗ごとにスタイルを変えて常時20種以上のシングルオリジンを提供。生豆のポテンシャルを生かしつつ、ひと口目のインパクトと口の中に広がる甘さが際立つ焙煎を行っている。

山本昇平さん MOUNT COFFEE(広島県広島市西区庚午北2-20-13)

2014年創業。スターバックスで働いたのをきっかけにコーヒーの世界に魅了される。「街になじんでいく店」を目指し、コーヒー豆売り専門店として独立。自家焙煎に留まらず、フリーペーパーなどの発信活動を通じて、コーヒーの新たな可能性を模索中。

【コーヒーの世界を旅するためのブックガイド】

Jean Nicolas Wintgens,"Coffee - Growing, Processing, Sustainable Production: A Guidebook for Growers, Processors, Traders and Researchers" (Wiley-VCH,2012)

私が最初にコーヒー栽培に関することを学んだ本です。英語だらけで読むのに苦労しましたが、この本のおかげで英語ができるようになったと言える本でもあります。

Flávio Meira Borém,"Handbook of Coffee Post-Harvest Technology" (Grin Press,2014)

コーヒーの精選方法に興味が出た方は、この本がおすすめです。難しい本ですがトライしてみてください。

J. M. Waller, M. Bigger, R. J. Hillocks,"Coffee Pests, Diseases and their Management" (CABI Publishing,2007)

コーヒーの栽培に興味が出たら、病虫害も調べてみるといいでしょう。こちらも英語の本ですが、コーヒーにまつわるほとんどの病虫害のことが載っています。

ユルゲン・ハーバーマス,『公共性の構造転換』(未來社,1994)

カフェ・コーヒーハウスをこのような視点で見ることもできるのかと目から鱗の読書体験ができます。

ユヴァル・ノア・ハラリ,『サピエンス全史(上・下)』(河出書房新社,2016)

人類の歩みを巨視眼的に、且つ、活き活きと書いていて、きっと今までのあなたの価値観をぶっこわしてくれます。

アナ・チン,『マツタケ 不確定な時代を生きる術』(みすず書房,2019)

生産地と消費国の説明し難いギャップを感じていた時に出会った本です。「あーなるほどそういうことか」と納得させられ、世界の流通を活き活きと感じられます。

川島良彰,『コーヒーハンター』(平凡社,2008)

コーヒーの生産地や栽培に興味を持つきっかけを作ってくれた本です。

高井尚之,『日本カフェ興亡記』(日経 BP マーケティング,2009)

日本のカフェの変遷が分かりやすく書かれており、楽しみながら日本のコーヒーの歴史が学べます。

著者紹介

山本博文（やまもと・ひろふみ）

株式会社坂ノ途中 事業開発責任者 海ノ向こうコーヒー事業部所属。

2013年から２年間、フィリピンのベンゲット州立大学に留学し、アグロフォレストリー研究所（Institute of Highland Farming Systems and Agroforestry）でコーヒー栽培について研究。現地NGO「コーディリエラ・グリーン・ネットワーク（CGN）」と協力し、農家への栽培指導や植林活動を行う。帰国後はコーヒー生産技術の専門家として東ティモールやミャンマーでコーヒー生産向上事業に従事した後、2020年より現職。

コーヒー生豆商社としての活動だけでなく、生産地への訪問や技術指導を通してフェアトレードや環境保護など持続可能なコーヒー生産のための事業を複数立ち上げるなど、業界の第一線で活躍。

アジアを含む世界各国のコーヒー産地と日本市場をつなぐ活動を行っている。

本文デザイン：讃岐美重
校正：鷗来堂

世界のビジネスエリートが身につけている
コーヒーの教養　〈検印省略〉

2025年 4 月 24 日 第 1 刷発行
2025年 9 月 2 日 第 4 刷発行

著　者――山本 博文（やまもと・ひろふみ）
発行者――田賀井 弘毅

発行所――株式会社あさ出版
〒171-0022 東京都豊島区南池袋 2-9-9 第一池袋ホワイトビル 6F
電　話 03 (3983) 3225（販売）
03 (3983) 3227（編集）
F A X 03 (3983) 3226
U R L http://www.asa21.com/
E-mail info@asa21.com
印刷・製本 広研印刷（株）

note http://note.com/asapublishing/
facebook http://www.facebook.com/asapublishing
X https://x.com/asapublishing

ISBN978-4-86667-747-7 C2034